石油与天然气工程专业学位建设的实践与探索

张广清　刘　伟　田守嶒　编

石油工業出版社

内 容 提 要

本书对国内石油高校，特别是中国石油大学（北京）近年来在石油与天然气工程专业学位建设方面的实践和探索进行了总结，介绍了石油与天然气工程专业学位的发展历程、基本要求、知识体系、核心课程指南、案例库建设、能力要求以及质量保障等方面的内容，并对近年来开展的石油与天然气工程专业学位研究生教育认证体系建设进行了介绍和总结。

本书可供石油与天然气工程领域专业学位研究生、高等院校从事研究生教育管理工作的人员参考阅读。

图书在版编目（CIP）数据

石油与天然气工程专业学位建设的实践与探索 / 张广清，刘伟，田守嶒编 .—北京：石油工业出版社，2024.6

ISBN 978-7-5183-6696-5

Ⅰ . ① 石… Ⅱ . ① 张… ② 刘… ③ 田… Ⅲ . ① 石油工业－专业设置－研究－中国 ② 天然气工业－专业设置－研究－中国 Ⅳ . ① TE-4

中国国家版本馆 CIP 数据核字（2024）第 093062 号

出版发行：石油工业出版社
（北京安定门外安华里 2 区 1 号楼　100011）
网　址：www.petropub.com
编辑部：（010）64523537　　图书营销中心：（010）64523633
经　　销：全国新华书店
印　　刷：北京中石油彩色印刷有限责任公司

2024 年 6 月第 1 版　2024 年 6 月第 1 次印刷
710 × 1000 毫米　开本：1/16　印张：10.75
字数：160 千字

定价：40.00 元

前言

新形势下的国家能源安全保障需要大量高水平的石油与天然气领域工程师，因而对石油与天然气工程专业学位研究生教育提出了更高的要求。近年来，国内石油高校在石油与天然气工程领域硕士专业学位研究生的培养方面努力开展探索和实践，取得了长足的发展和进步，为国内石油与天然气行业输送了大量的专业人才。中国石油大学（北京）作为我国石油与天然气工程高层次专业人才的重要培养基地，面向国家能源发展战略需求，在明确行业对专业学位人才需求的基础上，通过精心设计培养环节、完善课程教学体系、实践培养体系和支撑保障体系，培养学生的职业能力、创新能力、综合能力和国际素质，为石油与天然气工业培养了大量适应行业企业发展需求的高层次应用人才。本书总结了国内石油高校，特别是中国石油大学（北京）在石油与天然气工程专业学位建设方面的实践和探索，以期抛砖引玉，为进一步深化我国石油与天然气工程领域专业学位研究生教育改革和提高人才培养质量提供参考。

全书共八章，第一章主要介绍了我国石油与天然气行业和石油与天然气工程专业学位的发展历程、发展趋势和改革方向；第二章主要介绍了石油与天然气工程专业学位的基本要求；第三章主要介绍了石油与天然气工程专业学位知识体系；第四章主要介绍了石油与天然气专业学位研究生核心课程指南；第五章主要介绍了石油与天然气工程专业学位研究生课程案例库建设；第六章主要介绍了石油与天然气工程专业学位研究生能力要求；第七章主要介绍了石油与天然气工程专业学位研究生实践质量保障体系和专业实践管理；第八章主要介绍了石油与天然气工程专业学位研究生教育认证的历程、认证办法和认证标准。

由于笔者水平有限、缺乏经验，不足之处在所难免，敬请读者批评指正。

目录

第一章

石油与天然气工程专业学位发展概述

石油与天然气工程，是围绕石油、天然气等油气资源的钻探、开采和储运而实施的知识、技术和资金密集型工程，包括油气藏、钻井、完井、油气生产和储运等主要工程环节，是油气勘探开发不可或缺的基本业务。

第一节　我国石油与天然气工程行业发展历程

一、石油工业

中国石油工业已发展百年有余[1]，按我国石油生产的专业和管理的门类划分，石油工程领域覆盖了油藏工程、钻井工程、采油工程和储运工程四个相互独立又相互衔接的工程领域。石油工程覆盖了石油开发和生产的全过程，是石油生产的主体部分。我国石油工业的发展可分为探索期、恢复和发展期、高速发展期、稳定发展期和新时期五个阶段[1]。

1. 石油工业探索时期

近代世界石油工业的发展是从1859年开始的。作为动力资源，石油受到了各国的普遍重视。1867年美国开始向我国出口“洋油”。随后，其他资本主义国家也开始大量向中国倾销“洋油”。“洋油”的倾销垄断了中国市场，阻碍了中国石油工业的发展。为抵制倾销，中国逐渐发展起了自己的石油工业。在台湾苗栗（1878年钻成，这是中国第一口用近代钻机钻成的油井）、陕西延长（1907年钻成“延1井”，我国大陆第一口近代油井）、新疆独山子钻成了近代油井。这些油井都是采用机械设备钻成的，标志着中国古代以来的以手工操作和畜力为动力的石油开发方式发生了重大改变，中国古代石油工业因此发展到近代石油工业阶段。

中国近代石油工业萌芽于19世纪后半叶，经过了多年的艰苦发展，直到新中国成立前夕，基础仍然极其薄弱。1949年原油年产量不到7×10^4t。在1904—1948年的45年中，累计生产原油仅278.5×10^4t，而同期进口“洋油”2800×10^4t。

2. 石油工业恢复和发展时期

抗日战争胜利后，中共中央决定以有一定工作基础和已发现油田的陕、甘地区为勘探重点，在甘肃河西走廊和陕西、四川、新疆的部分地区开展地质调查、地球物理勘探和钻探工作。到1952年底，全国原油产量达到43.5×10^4t，为1949年的3.6倍，为新中国成立前最高年产量的1.3倍。其中，天然油19.54×10^4t，占原油总产量的45%，人造油24×10^4t，占55%。到1959年，玉门油矿已建成一个包括地质、钻井、开发、炼油、机械、科研、教育等在内的初具规模的石油天然气工业基地。当年生产原油140.5×10^4t，占全国原油产量的50.9%。

克拉玛依油田的开发建设，有力地支援了建国初期的经济建设。1958年，青海石油勘探局在地质部发现冷湖构造带的基础上，在冷湖5号构造上打出了日产800t的高产油井，并相继探明了冷湖5号、4号、3号油田。在四川，发现了东起重庆，西至自贡，南达叙水的天然气区。1958年，石油工业部组织川中会战，发现南充、桂花等7个油田，结束了西南地区不产石油的历史。

到20世纪50年代末，全国已初步形成玉门、新疆、青海、四川4个石油天然气基地。1959年，全国原油产量达到373.3×10^4t。其中，4个基地共产原油276.3×10^4t，占全国原油总产量的74%，四川天然气产量从1957年的6000多万立方米提高到2.5×10^8m^3。

3. 石油工业高速发展时期

根据中共中央批示，1960年3月，一场关系石油工业命运的大规模石油会战在大庆揭开了序幕，会战领导层认真总结了过去的经验教训，明确了石油工作者的岗位在地下，对象是油层。1963 年，全国原油产量达到 648×10^4t。同年 12 月，周总理在第二届全国人民代表大会第四次会议上庄严宣布，中国需要的石油已经可以基本自给。

在大庆石油会战取得决定性胜利以后，为继续加强我国东部地区的勘探，石油勘探队伍开始进入渤海湾地区。1964 年，经中共中央批准在天津以南，山东东营以北的沿海地带，开展了华北石油会战。到 1965 年，在山东探明了胜利油田，拿下了 83.8×10^4t 的原油年产量。在天津拿下了大港油田。随后，石油人顶着各种压力与干扰，克服重重困难，不断探索，积极进取，开发建设了这两个新的石油基地。到 1978 年，大港油田原油年产量达到 315×10^4t。胜利油田到 20 世纪 70 年代达到原油产量增长最快的高峰期，年产量从 1966 年的 130 多万吨，提高到 1978 年的近 2000×10^4t，成为我国仅次于大庆的第二大油田。在渤海湾北缘的盘锦沼泽地区，石油大军三上辽河油田。20 世纪 70 年代以来，在复杂的地质条件下，勘探开发了兴隆台油田、曙光油田和欢喜岭油田，总结出一套勘探开发复杂油气藏的工艺技术和方法。1978 年，辽河油田原油产量达到 355×10^4t。

1970 年 4 月，大庆油田进行了开发调整工作。至 1973 年，年产量形势恶化的情况得到扭转，原油产量比 1970 年增长了 50% 以上。1976 年，大庆油田年产量突破 5000×10^4t，为全国原油年产量上亿吨打下了基础。我国在 1966—1978 年的 13 年间，原油年产量以每年递增 18.6% 的速度增长，年产量突破 1×10^8t，原油加工能力增长 5 倍多，保证了国家的需要，缓和了能源供应的紧张局面。1973 年，我国开始对日本等国出口原油，为国家换取了大量外汇。

4. 石油工业稳定发展时期

自 20 世纪 70 年代以来，我国石油工业生产发展迅速，到 1978 年突破了 1×10^8t。为了解决石油勘探、开发资金不足的困难，中共中央决定首先在石油全行业实施开放搞活的措施，实行 1×10^8t 原油产量包干的重大决策。这一决策迅速收到效果，全国原油产量从 1982 年起逐年增长，到1985年达到1.25×10^8t，原油年产量居世界第六位。20世纪80年代中期，石油创汇曾是国家外汇的主要来源。1985年创汇最高，占全国出口创汇总额的26.9%。

自改革开放以来，我国国民经济持续高速发展，对能源的需求急剧增加。石油产量每年有所增长，但是仍不能满足市场需求。自1993年开始，原油加成品油进口总量大于出口总量。我国又开始成为石油产品净进口国。

为了多元发展我国的石油工业，我国于1982年成立了中国海洋石油总公司。1983年7月，中国石油化工总公司成立。1988年将原石油工业部改组为中国石油天然气总公司。中国第四家国有石油公司——中国新星石油有限责任公司也于1997年1月成立。1998年，陕西省延长石油工业集团公司在延安挂牌运营。至此，我国石油石化工业形成了几家公司团结协作、共同发展的新格局。

“八五”期间，为了适应国民经济快速发展对能源的新的、更高的要求，中共中央决定，石油工业实施“稳定东部，发展西部”的发展战略。1989年开始了塔里木会战，1992年中国石油天然气总公司组织了吐哈石油会战。1997年塔里木产油420.3×10^4t，吐哈石油产量达到300.1×10^4t，新疆克拉玛依油田产油870.2×10^4t。西部已经成为中国石油的重要基地。

5. 石油工业新时期

按照国务院统一部署，1998年7月中国石油石化企业重组。在中国石油天然气总公司基础上，成立以上游为主的中国石油天然气集团公司（以下简称中国石油）。在中国石油化工总公司基础上，成立了以下游为主的中国石油化工集团公司（以下简称中国石化）。两大公司都是上下游、内外贸、产销一体化的集团公司。中国海洋石油总公司（以下简称中国海油）仍保留原体制和海洋石油勘探与开发业务。

2000年和2001年，中国石油、中国石化、中国海油三大国家石油公司纷纷上市，成功进入海外资本市场，预示着我国石油石化工业对外开放进入了产权融合的新的历史时期。

进入21世纪，我国石油产量稳步增长，2000年石油年产量1.62×10^8t，

2006年石油年产量已稳步增加到1.84×10^8t。天然气产量快速增长，2000年天然气年产量$265\times10^8m^3$，2006年已快速增长到$586\times10^8m^3$。

二、天然气工业

改革开放40年来，中国天然气工业经历了孕育期、起步期、发展期三个时期，走过了从小到大、具有中国特色的发展道路，实现了从“底气不足”到“气象万千”的巨大变化[2]。2017年，中国天然气产量$1480\times10^8m^3$，居世界第六位；天然气净进口量约$913\times10^8m^3$，居世界第二位；天然气干线管网里程7.4×10^4km，居世界第三位；天然气消费量$2386\times10^8m^3$，居世界第三位，取得了世界瞩目的成就。中国天然气工业的跨越式发展在世界天然气发展史上留下了浓墨重彩的一笔，为中国的社会经济发展做出了重要贡献。

1978年，党的十一届三中全会拉开了改革开放的大幕，天然气工业在改革开放的大潮中发展迅速，硕果累累。中国天然气工业改革开放40年的发展历程大致可分为以下3个阶段[2]。

1. 天然气工业孕育期

早在2000多年前，中国就开始通过竹管道输送并使用天然气，是世界上最早使用天然气的国家之一。尽管利用历史较早，受社会发展阶段条件限制，中国天然气工业在20世纪并未像其他国家一样迅速发展起来。在天然气工业孕育期，国内天然气产量、消费量均较小，天然气工业发展缓慢，改革开放给天然气工业带来了一些积极变化。

改革开放初期，中国累计探明天然气储量仅为$2264\times10^8m^3$，属于贫气国。勘探资金不足导致勘探工作量出现下降，1979年天然气产量达$145\times10^8m^3$，此后连续3年产量下降，1982年天然气产量下降至$119\times10^8m^3$。1983—1987年产量有所回升，但均未达到1979年的产量水平。1987年《国务院批转国家计委等四个部门关于在全国实行天然气商品量常数包干办法报告的通知》提出：天然气是我国尚未充分开发利用的一种重要能源。为了加快我国天然气工业的发展，国务院决定在全国实行天然气商品量常数包干，在包干基数内的按各地现行价格销售，超产部分按高价销售，高、平差价收入作为天然气勘探开发专项基金，以补充天然气工业建设资金的不足，走“以气养气”的路子[3]。此后，国内油气资源勘探开发力度持续加大，油气产量稳定增长，1990年国内天然气产量提升至$152 \times 10^8 m^3$。

2. 天然气工业起步期

1993年“油气并举”重要战略的提出，标志着中国天然气工业进入起步期。随着国民经济的快速发展，天然气勘探开发取得了重要进展，天然气产量稳步提升，基础设施建设明显提速，天然气消费增速亦有所提高。

20世纪90年代，天然气日益受到国外发达国家重视，当时国外油、气产量比已经达到1∶0.7，而中国油、气产量比仅为1∶0.12，远低于世界平均水平。“油气并举”发展战略的提出，改变了重油轻气的思想，将天然气放在与石油同等位置上来考虑[4]，这成为天然气工业“九五”时期的重要战略思想。此后，天然气累计探明地质储量和剩余可采储量快速增长，天然气产量稳步提升，产量年均增长约$20 \times 10^8 m^3$，1996年产量突破$200 \times 10^8 m^3$，2001年突破$300 \times 10^8 m^3$，2004年突破$400 \times 10^8 m^3$。

1997年以前，由于天然气基础设施不够完备，天然气消费量增长缓慢。1991—1997年，天然气消费年均增长$7 \times 10^8 m^3$。随着国民经济的快速发展以及长输天然气管道陆续建成，中国天然气消费量增速加快，1997—2004年天然气消费年均增长近$29 \times 10^8 m^3$，由$198 \times 10^8 m^3$增至$400 \times 10^8 m^3$，2004年天然气在我国能源消费结构中的比例提升至2.3%。天然气覆盖区域日益广阔，逐渐由生产基地向消费中心地区拓展，受益于陕京线的投产，北京、天津、河北等沿线地区消费增速加快，2004年三省市天然气消费量为$45 \times 10^8 m^3$，达到1993年消费量的4.4倍。天然气利用领域也有所扩展，建成了一些油气田附近自备电厂，2000年燃气发电量已达到$58 \times 10^8 kW \cdot h$。得益于“油气并举”战略的提出，中国天然气工业迈入起步期，天然气消费增速较前一时期有所提高，但由于没有全国性大型长输管道，中国天然气利用规模仍未实现快速增长[5]。

3. 天然气工业快速发展期

天然气工业快速发展期，国内天然气产量稳步增长，天然气管网发展迅猛[4]，天然气消费快速增长。为满足国内需求，中国开始进口天然气，成为天然气净进口国[6]。《加快推进天然气利用的意见》首次明确天然气成为主体能源之一的战略定位。

2005—2017 年，中国天然气产量年均增长 $82\times10^8m^3$，2011 年产量突破 $1000\times10^8m^3$ 大关，2017 年产量增至 $1480\times10^8m^3$，居世界第六位。天然气主要产自四川盆地、鄂尔多斯盆地、塔里木盆地和海域四大气区。其中，2017 年常规天然气产量 $1339\times10^8m^3$，占比 90%；非常规天然气产量 $141\times10^8m^3$，占比 10%[7]。中国成为第三个页岩气形成规模和产业的国家，2017 年页岩气产量达到 $92\times10^8m^3$。

从“十一五”开始，中亚天然气管道、西气东输二线相继进入建设阶段。2009 年，首条在境外跨越多国的天然气长输管道——中亚天然气管道建成投产。2012 年，与中亚天然气管道配套的西气东输二线建成投产，该管道全长 8700km，管道建设实现了从追赶到领跑世界先进水平的历史性大跨越，标志着中国管道总体技术水平已达到国际先进水平，部分技术水平达到国际领先水平。截至 2017 年底，中国建成了以西气东输、陕京系统、川气东送、中缅管道、中贵联络线等系统为主的骨干管网，全国干线管道总里程约 7.4×10^4km，一次输气能力达到 $3100\times10^8m^3/a$，天然气主干管网形成了“西气东输、北气南下、海气登陆”的输气格局，建立了西北、西南、海上进口通道，实现了国产天然气、进口管道天然气、进口 LNG 资源和用气市场之间的联通。

第二节　石油与天然气工程专业学位发展历程

一、石油与天然气工程领域专业学位设置历程

2006 年 8 月 12—18 日，在青海西宁召开全国石油与天然气工程领域工程硕士研究生（第一次）培养质量评估工作会议。会议特邀国务院学位

委员会办公室工农学科处相关领导参会。同时会议还邀请了中国石油大庆油田有限责任公司、中国石油西南油气田公司、中国石油长庆油田公司、石油化工管理干部学院、中国石化西北油田分公司、中国石化华东石油局等企业单位负责工程硕士培养的部门领导，以及石油与天然气领域参与工程硕士培养的12所学校代表参加会议。会议中国务院领导首先对我国工程硕士培养方面的历史、发展现状以及发展趋势作简要介绍并指出我国工程硕士培养的社会与经济效益与我国学位教育及工程硕士培养的指导思想。会上各院校代表对本校在石油与天然气工程领域工程硕士培养质量的自评估工作进行了汇报，介绍了各自的经验、取得的成果和存在的问题，此次会议后，石油与天然气工程领域工程硕士研究生培养和招生正式开始（图1-1）。

图1-1　全国石油与天然气工程领域工程硕士研究生（第一次）培养质量评估工作会议专家汇报

2007年3月12—3月17日在北京市和黑龙江省大庆市举行了石油与天然气工程领域工程硕士研究生培养质量评估工作会暨实地考察会议。12

所学校的代表们组成了实地考察评估专家组，对中国地质大学（北京）、辽宁石油化工大学及大庆石油学院工程硕士培养工作进行考察与座谈后形成评估意见。评估工作会会议代表听取了各校代表工作情况汇报并就石油与天然气工程领域工程硕士学位标准的制定、核心课程的内涵与应用、学位论文质量合格标准、课程质量监管办法、学位论文标准的原则等问题进行讨论。2007 年 8 月，实地考察评估专家组对西南石油大学、成都理工大学、解放军后勤工程学院的石油与天然气工程领域工程硕士教育质量评估进行实地考察并座谈后形成评估意见。会议还就各单位本领域工程硕士研究生教育培养工作进行了经验交流，并就如何发挥工程特色、如何加强工程硕士培养的过程控制及探索提高培养质量的措施等两个方面进行了讨论。

2008 年 8 月，在陕西省西安市召开了全国石油与天然气工程领域工程硕士第一届第四次教育研讨会暨第三批培养单位评估实地考察会，会议讨论了《石油与天然气工程领域“做出突出贡献的工程硕士学位获得者”评选办法》《石油与天然气工程领域优秀论文的评选标准及评选办》《石油与天然气工程领域工作章程》，提出修改意见并决议修改后进行通信评议并试行。会议还就《石油与天然气工程领域学位标准（草案）》进行了讨论并指定修改负责人及截止日期。

2009 年 8 月，全国石油与天然气工程领域工程硕士第一届第五次教育研讨会就学位标准、教材的适用性、工程硕士评优及工程硕士培养与职业资格的关系等问题进行讨论并取得共识。

2011 年 5 月，在中国石油大学（北京）召开国务院学位委员会学科评议组—石油与天然气工程领域学科评议组会议。会议就编写《石油与天然气工程一级学科简介》等三份重要文件的重要意义、作用和编写要求进行了说明、讨论及部署。评议组还对石油类高校联合开展石油工程专业学位研究生执业资格的认证工作的作用、必要性和涉及的相关问题进行了讨论并决定先在钻井学科尝试开展工作。2011 年 9 月，在江苏省常州市召开全国石油与天然气工程领域工程硕士第一届第七次教育研讨会议，会议对石油与天然气工程领域发展报告、博士学位基本要求、研究生执业资格认证等问题进行了研讨。

2012 年 9 月，在湖北省武汉市召开全国石油与天然气工程领域工程硕士专业学位教育协作组第八次会议，会议上多所高校代表介绍本校在全日制专业学位硕士培养过程中的经验和做法。与会代表讨论了专业硕士实践基地建设和工程硕士培养与职业资格认证的经验，并就石油与天然气工程领域“全日制”专业硕士的招生制度、培养方案、现场实践、学位标准等相关问题进行了重点研讨。

2015 年 8 月，全国石油与天然气工程领域教育协作组 2015 年工作年会暨专业硕士培养工作研讨会在陕西省西安市举行。会议传达了 2015 年以来全国工程硕士教育指导委员会（简称“教指委”）《关于推动在线课程、数字课堂建设的设想》以及其他会议精神。与会代表们围绕石油工程领域专业硕士培养工作进行了深入的研讨并达成共识。

2017 年 7 月，全国石油与天然气工程领域工程专业学位研究生教育协作组 2017 年工作年会在大庆市召开，6 所高校代表就本单位开展工程硕士教育改革和实践、学位点申报、教材数字化和相关研究课题等作了专题报告。与会代表就关于开展教学资源建设、工程伦理课程培训、专业核心课程建设、教材编写、在线教育、教学案例库建设、教育认证、跨学科培养等主题开展讨论，凝聚共识，共谋发展。领域组组长张广清传达了第四届全国工程专业学位研究生教育指导委员会 2016 年全体会议和教育部关于开展专业学位研究生教育深化综合改革试点工作的精神，并指出领域下一阶段的工作重点和方向。

2018 年 4 月，在中国石油大学（北京）召开全国石油与天然气工程领域工程专业学位研究生教育协作组工作年会，会议传达了《国务院学位委员会、教育部关于对工程专业学位类别进行调整的通知》；解读了全国工程专业学位研究生教育指导委员会下发的《工程类专业学位授权点对应调整工作方案》相关内容。会议讨论了调整后石油与天然气工程领域对应工程专业学位类别的相关事宜并达成共识。会议讨论了《硕士、博士专业学位授权点申请基本条件》《硕士、博士专业学位基本要求》初稿并决定了下步工作内容。

二、石油与天然气工程博士及硕士学位授权点概况

截至 2023 年底，全国石油与天然气工程博士学位授权点共计 11 个（高校 10 个，研究院 1 个），硕士学位授权点共计 19 个（高校 18 个，研究院 1 个），本科相关专业招生院校 41 所。

表 1-1、表 1-2 和表 1-3 分别列举了石油与天然气工程博士授权点、硕士授权点和石油与天然气工程相关专业本科招生院校情况。

表 1-1　石油与天然气工程博士授权点（11 个）

序号	学校名称	招生学科 / 领域
1	中国石油大学（北京）	石油与天然气工程
2	中国石油大学（华东）	石油与天然气工程
3	西南石油大学	石油与天然气工程
4	东北石油大学	石油与天然气工程
5	西安石油大学	石油与天然气工程
6	长江大学	石油与天然气工程
7	中国地质大学（武汉）	石油与天然气工程
8	中国地质大学（北京）	石油与天然气工程
9	成都理工大学	石油与天然气工程
10	陆军勤务学院	石油与天然气工程
11	中国石油勘探开发研究院	石油与天然气工程

表 1-2　石油与天然气工程硕士授权点（19 个）

序号	学校名称	招生学科 / 领域
1	中国石油大学（北京）	石油与天然气工程
2	中国石油大学（华东）	石油与天然气工程
3	西南石油大学	石油与天然气工程
4	东北石油大学	石油与天然气工程
5	西安石油大学	石油与天然气工程

续表

序号	学校名称	招生学科 / 领域
6	长江大学	石油与天然气工程
7	中国地质大学（武汉）	石油与天然气工程
8	中国地质大学（北京）	石油与天然气工程
9	成都理工大学	石油与天然气工程
10	常州大学	石油与天然气工程
11	燕山大学	石油与天然气工程
12	浙江海洋大学	石油与天然气工程
13	辽宁石油化工大学	石油与天然气工程
14	华东理工大学	石油与天然气工程
15	青岛科技大学	石油与天然气工程
16	陆军勤务学院	石油与天然气工程
17	中国石油勘探开发研究院	石油与天然气工程
18	重庆科技大学	石油与天然气工程（仅有专硕授权点）

表 1–3　石油与天然气工程相关专业本科招生院校情况

序号	高校名称	地点	211	双一流	一流学科	国家重点学科	博士点	硕士点	石工	储运
1	北部湾大学	钦州								√
2	北京石油化工学院	北京								√
3	滨州学院	滨州								√
4	常州大学	常州						√	√	√
5	常州大学怀德学院	靖江								√
6	长江大学	荆州					√	√	√	√

续表

序号	高校名称	地点	211	双一流	一流学科	国家重点学科	博士点	硕士点	石工	储运
7	长江大学工程技术学院	荆州							√	
8	重庆科技大学	重庆						√	√	√
9	成都理工大学	成都		√			√	√	√	
10	东北石油大学	大庆				√	√	√	√	√
11	福州大学	福州	√	√						√
12	广东石油化工学院	茂名							√	√
13	哈尔滨商业大学	哈尔滨								√
14	哈尔滨石油学院	哈尔滨							√	√
15	华北理工大学	唐山							√	
16	华东理工大学	上海	√	√				√	√	√
17	吉林化工学院	吉林								√
18	兰州城市学院	兰州							√	√
19	兰州理工大学	兰州								√
20	辽宁石油化工大学	抚顺						√	√	√
21	陇东学院	庆阳							√	√
22	宁波工程学院	宁波								√
23	青岛科技大学	青岛						√		√
24	泉州职业技术大学	泉州								√
25	沈阳工业大学	沈阳								√
26	沈阳化工大学	沈阳								√
27	太原科技大学	太原								√

续表

序号	高校名称	地点	211	双一流	一流学科	国家重点学科	博士点	硕士点	石工	储运
28	武汉理工大学	武汉	√	√						√
29	陕西科技大学	西安							√	
30	西安石油大学	西安					√	√	√	√
31	西南石油大学	成都		√	√	√	√	√	√	√
32	延安大学	延安							√	
33	燕山大学	秦皇岛						√	√	
34	榆林学院	榆林							√	√
35	浙江海洋大学	舟山						√		√
36	中国民航大学	天津								√
37	中国地质大学（北京）	北京	√	√			√	√	√	
38	中国地质大学（武汉）	武汉	√				√	√	√	
39	中国石油大学（北京）	北京	√	√	√	√	√	√	√	√
40	中国石油大学（华东）	青岛	√	√	√	√	√	√	√	√
41	山东石油化工学院	东营							√	√

第三节　石油与天然气工程专业学位发展趋势与改革方向

根据2020年9月国务院学位委员会、教育部联合发布的《专业学位研究生教育发展方案（2020—2025）》（学位〔2020〕20号），专业学位研究生教育是培养高层次应用型专门人才的主渠道。我国逐步构建了具有中国特色的高层次应用型专门人才培养体系，为经济社会发展作出重要贡献，截至 2019 年，累计授予硕士专业学位 321.8 万人。随着中国特色社会主义进入新时代，我国专业学位研究生教育进入了新的发展阶段，专业学位研究生教育还存在一些问题。对专业学位研究生教育的认识需要进一步深化，重学术学位、轻专业学位的观念仍需扭转，简单套用学术学位发展理念、思路、措施的现象仍不同程度存在。发展机制仍需要健全，在学科专业体系中的地位需要进一步凸显，人才需求与就业状况的动态反馈机制不够完善，与职业资格的衔接需要深化，多元投入机制需要加强，产教融合育人机制需要健全，学校内部管理机制仍需创新。

文件指出，到 2025 年，以国家重大战略、关键领域和社会重大需求为重点，将硕士专业学位研究生招生规模扩大到硕士研究生招生总规模的 2/3 左右，进一步创新专业学位研究生培养模式，产教融合培养机制更加健全，专业学位与职业资格衔接更加紧密，发展机制和环境更加优化，教育质量水平显著提升，建成灵活规范、产教融合、优质高效、符合规律的专业学位研究生教育体系。

全国工程硕士专业学位教育指导委员会 2011 年 6 月试行的《石油与天然气工程领域工程硕士专业学位标准》指出，石油与天然气工程专业学位硕士研究生培养目的是要面向石油行业，培养基础扎实、素质全面、工程实践能力强并具有一定创新能力的应用型、复合型高层次工程技术和工程管理人才。面对国家和油气行业对实践创新性人才的需求，在国家对专业学位研究生与学术学位研究生分类发展提出更高的要求的新形势下，需要探索和构建一系列适合于全日制专业学位研究生管理工作并能有效解决相应管理问题的新途径和新方法，实现石油与天然气工程领域全日制专业学位研究生的高质量培养。

一、招生管理

招生是研究生工作的重要内容，优质的生源是研究生培养质量的基础保证。结合全日制专业学位研究生的培养目的，以保障培养质量为指导，以提高招生质量为目标，需要在以下方面对招生管理工作进行探索。

（1）建立激励政策，吸引优质生源。

首先，在招生指标的划分中进行倾斜，逐步加大全日制专业学位研究生招生人数和计划内指标数。同时，加大推免研究生指标，加大对推免生在全国性的工程设计大赛及课外科技创新活动的成绩考核。

（2）强调专业课考试，保障招生质量。

在专业课复试中对专业学位研究生的专业背景提出更高要求，即报考专业学位的研究生必须具有石油工程或相关专业背景。结合专业学位研究生的培养目标和能力素质要求，在国家统一的招生入学考试中，对专业型与学术型研究生的专业课考试科目和考察内容进行区分，重点加大对专业学位研究生专业知识应用的考核。

（3）重视复试面试考核，提高招生质量。

根据全日制专业学位研究生的特点，对专业课复试和面试进行改革。笔试重点在于考核学生对各专业知识的掌握和应用，面试重点考核学生的工程实践能力和工程应用能力。

二、导师管理

构建一支高水平的专业学位研究生教育师资队伍，是保证全日制专业学位研究生培养质量的关键。专业学位研究生导师水平是实现石油与天然气工程领域全日制专业学位研究生培养目标的重要保障。充分发挥导师在专业学位硕士研究生培养过程中的指导和管理作用，是实现专业学位研究生培养目标的重要手段。

（1）建设一支高水平的“双师型”导师队伍。

一支既有较高学术造诣，又有明显职业背景、丰富实践经验的导师队伍是保证专业学位研究生教育质量的关键，也是专业学位研究生教育可持续发展的根本保证。根据专业学位研究生教育规划，要在短期内建立起一支具有一定规模的、高质量的专业学位研究导师队伍并不现实，为此，专业学位研究生师资队伍建设应着眼于短期建设与长期建设两方面，通过选拔、选聘及联合培养，构建一支高素质、稳定的专业学位研究生师资队伍。

（2）突出导师在培养过程中的作用。

充分发挥导师在培养过程中的作用，对提高全日制专业学位研究生的培养质量起着至关重要的作用，主要表现在以下几个方面：

① 全程指导，提升科研素质。导师肩负着“指”和“导”的职责。“指”，就是要求能站在学科前沿，在宏观上为研究生把握和指明科研方向；“导”，即能以自己广博的知识引导启迪研究生进行深入的学习和探索。导师是研究生进行科学研究的引路人，他的科研能力、学术地位、理论观点等都将对研究生产生直接影响，并在一定程度上制约着研究生的培养质量。研究生在培养教育的过程中，会碰到许多方面的障碍，这就要求导师具有无私奉献精神，知无不言，言无不尽，及时启发和引导学生解决当前的难题。导师应在各个培养环节加以科学指导。首先，让研究生通过研读文献，从中发现问题，提出质疑。鼓励师生间的学术交流，锻炼研究生的创新思维能力。在此基础上，引导研究生参与科研项目的立题与设计。培养宏观的学术视野和敏锐的科研思维。在科研实施阶段，指导研究生通过科研实践来培养研究能力或实践能力。通过周密的实验设计、规范的实验操作、敏锐的实验观察、准确的实验记录以及深入的结果分析，得出科学的研究结论。定期安排研究生报告工作进展、组织研讨会和学术报告等，了解研究生的阶段性成果和学术功底，提高其表达能力、思维能力及组织能力。

② 言传身教，提升创新能力。创新能力不足是我国研究生教育培养中存在的问题之一。导师对研究生创新能力的培养有着重要的影响，是提高其创新能力的关键因素。首先，导师自身应不断获取学科前沿知识，始终活跃在学术前沿，用自己的专业知识和创新精神激发学生的创新意识。其次，导师应创造条件让研究生积极参与校内外的学术交流提高其创新能力。专业学位硕士研究生应该参加多种学术活动，特别是多层次的跨学科学术交流活动，在学习借鉴的基础上，提升自己的创新能力。再则，导师在科学研究活动中会有意识地去培养人才，从而使研究生在科学研究实践中不断增长知识和提高学术水平，不断增强创新能力。

③ 规范行为，提升思想道德素质。研究生在校学习期间，与导师接

触频繁，而大多数导师在专业学术领域具有较高的造诣，深受研究生的爱戴和敬重。所谓“学高为师、身正为范”，导师在研究生心目中有着不可估量的巨大影响力，是研究生学习、科研和做人的榜样。导师对研究生的为人教育主要通过言传身教实现，导师以其渊博的知识、严谨的治学态度、真挚的情感、高尚的人格以及对社会强烈的责任心和使命感潜移默化地影响研究生，使研究生学会如何“做人”和“做事”，促进了研究生科学人生观、世界观的形成，增强了学生的时代责任感和使命感。而在实践过程中，校外导师则能帮助学生树立正确的职业道德观，培养其爱岗敬业、艰苦奋斗的精神。同时，导师与研究生之间的沟通和交流也能在一定程度上促进学生心理素质的发展。

三、日常管理

（1）基于实践需要，创新班级管理。

根据培养计划全日制专业学位研究生在第二学年必须到企业进行工程实践，原来的自然班级管理模式就无法适应在校外实践期间的日常管理。为此，需要对全日制专业学位研究生班级管理进行探索。根据校外实践基地研究生人数的不同，成立临时的实践班级或临时的实践小组。同时在临时实践班级中设班长一名，副班长一名，在临时实践小组中设组长一名，副组长一名。探索“工程实践基地—研工办—辅导员（班主任）—学生班级—实习组”五位一体的班级管理新模式。

（2）建立奖贷助勤体系，健全激励机制。

通过建立一系列针对专业学位的奖贷助勤政策，在提升专业学位吸引力的同时，可以更好地吸引优质生源报考以及鼓励研究生的学习成长。如：在各类评奖评优时，在指标分配方面向专业学位倾斜；设置专门针对专业学位的奖学金；提供勤工助学岗位时，优先考虑专业学位的自费研究生；每年专门拿出经费对在企业工程实践中表现优秀的专业学位研究生进行奖励。通过这一系列措施，引导学生报考专业学位和激励专业学位研究生成长成才。

（3）制定校企联合日常管理制度，保障学生权益。

专业学位研究生在第二学年必须到企业进行工程实践，这种教学方式决定了企业必须参与到研究生的日常管理工作中来。需要与工程实践基地共同讨论并制订《石油与天然气工程专业学位研究生工程实践管理办法》，规定校方、企方、学院、导师在研究生日常管理中的责任，制订《石油与天然气工程硕士专业学位研究生校外工程实践安全协议》等一系列配套制度。通过这些制度建立保障专业学位研究生在校外工程实践过程中的权益，让他们有更多的精力投入到工程实践中，使专业学识和工程实践能力得到更大幅度的提升。

（4）建设日常管理工作信息化平台，实现规范高效管理。

随着专业学位研究生教育工作的不断推进，专业学位研究生的数量不断增加。为了进一步做好专业学位研究生的管理工作，应建设专业学位研究生日常管理工作信息化平台。该平台建设的主要目的是针对专业学位研究生，从申请、签订安全协议、现场实施、考核反馈和评价等一系列流程进行实时监督和统一掌控，平台的建设将大大促进专业学位研究生管理工作的开展，使得工作更具有规范性和时效性。

四、工程实践教学管理和考核

工程实践环节是全日制专业学位教育的重要环节，通过专业实践，不仅可以培养学生的实践研究和创新能力，增长工作经验，更重要的是通过实践可以获取学位论文选题和素材。工程实践的过程管理和质量考核是提高工程实践教学质量的关键，如果没有严格的过程管理和质量考核，工程实践教学的目的就难以实现。通过认真落实“双导师”指导制度，成立工程实践指导小组，建立工程实践月报制度，严格落实工程实践教学中期检查制度，规范工程实践教学质量考核制度等措施来保证专业学位研究生工程实践的教学质量。

五、学位论文质量管理

学位论文是研究生在读期间课程学习和论文工作的总结，是研究生开展研究工作的重要成果。作为研究生学位申请不可或缺的书面材料，是评判研究生能否获得学位的重要依据之一，更是研究生培养质量的集中体现。石油与天然气工程全日制专业学位研究生的学位论文要求在校内导师和校外导师的共同指导下，结合工程实践基础，通过对油田企业具有明确工程应用背景的产品研发、工程设计、工程管理、应用研究等实际问题进行系统研究，直接反映了研究生是否掌握坚实的基础知识，是否具备解决实际工程技术问题或独立承担专门技术工作的能力。因此，学位论文质量是衡量全日制专业学位硕士研究生培养质量的重要标志。通过论文选题源于工程实践与生产实际，论文开题重在工程应用问题的论证，论文中期检查加大工程与现场技术把关，学位论文答辩环节突出工程应用能力的考核等一系列手段来严格把控专业学位研究生的学位论文质量。

第二章

石油与天然气工程专业学位基本要求

石油与天然气工程领域的相关高校、企业专家，讨论并制定了石油与天然气专业学位授权点基本条件、研究生专业学位基本要求和关于研究生专业学位的基本要求说明，对石油与天然气工程专业学位建设和研究生培养工作具有重要的指导意义。

第一节　石油与天然气工程硕士专业学位授权点申请基本条件

一、类别特色

资源与环境类别石油与天然气工程领域是围绕石油、天然气等油气资源的钻探、开采及储运而实施的知识、技术和资金密集型工程，是陆地和海洋油气资源勘探开发的核心业务，包括钻井、完井、测量、油气藏、油气生产与集输及油气储运等基本工程环节。本硕士专业学位是和石油与天然气工程类别任职资格相联系的专业性学位，主要培养硕士研究生在石油与天然气工程、地质工程、矿业工程、环境工程、冶金工程、测绘工程领域中规划、设计、研发、应用、管理以及环境保护等方面基础扎实、素质全面、工程实践能力过硬，并具有一定创新能力的应用型、复合型高层次工程技术与工程管理人才。工程领域方向设置合理，适应行业和区域的发展需求，且具有优势与特色，社会声誉良好。

二、师资队伍

1. 人员规模

本类别专任教师不少于30人，应与本类别相关行（企）业高级工程技术或管理人员共同建设专业化教学团队和导师团队，参与本类别硕士专业学位研究生教学与指导的行（企）业导师人数不少于专任教师数的1/2。

2. 人员结构

师资队伍结构合理，专任教师中，骨干教师比例不少于1/3，具有博士学位的比例不少于1/2，45岁以下的比例不少于1/3，具有高级职称骨干教师不少于15人；获得外单位硕士或以上学位的比例不少于1/3；具有工程实践经验的教师（具有职业资格证书或具备相应行业工作经验或承担过工程技术类课题）的比例不少于1/3。

企业导师至少具有5年工程师资格的工程实践经验，且主持过或作为主要骨干参加过企业重大、重要工程类项目或省部级及以上科技项目。

3. 骨干教师

骨干教师应有较高的专业技术水平、丰富的工程实践经验和人才培养经验，且参与过本单位或其他单位硕士专业学位研究生的指导工作。

三、人才培养

1. 课程与教学

制订本类别硕士专业学位研究生培养方案，并符合全国工程专业学位研究生教育指导委员会《石油与天然气工程博士、硕士专业学位基本要求》及《关于制订工程类硕士专业学位研究生培养方案的指导意见》的相关规定。

2. 培养质量

本类别相关的领域方向至少应有4届本科生毕业，且毕业人数不少于120人；或至少1届硕士研究生毕业，且毕业人数不少于20人。有完备和规范的研究生培养质量保证体系。毕业生就业情况良好，用人单位评价高。

四、培养环境与条件

1. 科研水平

具有较好的科研基础。近5年，本类别师均年科研经费不少于10万元，科研总经费年均不少于300万元（其中实到工程技术类课题经费不少于100万元）；在本类别涉及的工程领域方向取得高水平学术成果不少于3项，有一定数量的省部级（或一级行业协会）科学技术奖或应用成果（转化应用的专利、颁布的技术规范或行业标准）；骨干教师应主持过国家或省部级科研课题，且至少有1项工程技术类课题在研，有一定数量的高水平学术成果或授权发明专利，以及成果转化或技术推广。

2. 实践教学

与行（企）业联合培养硕士专业学位研究生，在支撑石油与天然气工程相关工程领域方向的学科开展案例教学和实践教学，确保硕士专业学位研究生能够完成不少于半年（或累计18周）的实习实训，为硕士专业学位研究生参与工程技术类课题研究提供必要的条件，有效提高研究生解决实际问题的能力。

3. 支撑条件

建有应用研究的专业实验室或公共研究平台，保证每位硕士专业学位研究生都能进入实验室或使用公共研究平台，有足够的专业文献资料、现代化教学设施。至少有2个职责明确、长期稳定的校企联合培养基地。联合培养基地至少应有5名具有高级工程师或工程师（任职5年以上）职称的专业技术人员能够参与硕士专业学位研究生的全过程指导；有满足专业实践教学、培养专业实践能力所需的场地和设施，能够为硕士专业学位研究生培养提供必要的条件。在学风建设、学术道德、工程伦理等方面具有健全的规章制度及有效的防范机制；具有有效的硕士专业学位研究生培养的管理与运行机制，有专门的机构和人员管理硕士专业学位研究生培养，并建立完备的研究生奖助体系。

第二节　石油与天然气工程博士专业学位授权点申请基本条件

一、类别特色

石油与天然气工程博士专业学位研究生教育的主要目标是为适应创新型国家建设，满足国家在石油与天然气工程（石油与天然气工程、地质工程、矿业工程、环境工程、冶金工程、测绘工程）的工程领域对高层次应用型创新人才的需求，培养具有石油与天然气工程相关领域（方向）坚实宽广的理论基础和系统深入的专门知识，具备解决复杂工程问题、进行工程技术创新以及组织实施高水平工程技术项目等能力的高层次专门人才，为培养和造就资源与环境类别石油与天然气工程技术领军人才奠定基础。

二、师资队伍

1. 人员规模

专任教师不少于 40 人；应与本类别相关行（企）业高级工程技术或管理人员共同建设专业化教学团队和导师团队，参与本类别博士专业学位研究生教学与指导的行（企）业导师人数不少于专任教师数的 1/4。

2. 人员结构

师资队伍结构合理，专任教师中，具有博士学位的比例不少于 1/2，45 岁以下的比例不少于 1/3，具有高级职称骨干教师不少于 20 人；获得外单位硕士或以上学位的比例不少于 1/3，具有工程实践经验的教师（具有职业资格证书或具备相应行业工作经验或承担过工程技术类课题）的比例不少于 1/3。

企业导师应具有正高级职称（若为副高级职称则应拥有至少 15 年的工程实践经验），且主持过或作为主要骨干参加过企业重大、重要工程类项目或省部级及以上科技项目。

3. 骨干教师

骨干教师应有较高的专业技术水平、丰富的工程实践经验和人才培养经验，应有 50% 及以上的骨干教师主持过或作为主要骨干参加过省部级及以上科技项目或重要工程类项目，骨干教师应有与企业合作开展研发工作的经历；专业带头人还应参与过本单位或其他单位博士学位研究生的指导工作。

三、人才培养

1. 课程与教学

确定特色鲜明、优势突出的博士专业学位研究生培养目标，并制定相应的培养方案，构建博士专业学位研究生培养课程体系，明确博士专业学位论文的形式与基本要求，建立博士专业学位研究生培养质量评价标准和保证体系。保证博士专业学位研究生能够参与工程应用背景明确、面向国家重大需求的研究课题或技术开发项目，有效提高博士专业学位研究生的技术创新能力、组织领导能力和项目管理能力。

2. 培养质量

申请单位在本类别涉及的领域应具有至少 8 年的博士研究生培养经验，且培养质量高，近 5 年累计授予博士学位人数不少于 50 人。并且具有本类别相关的硕士专业学位授权领域（方向）应有至少 8 年的硕士专业学位研究生（工程硕士）培养经验，且培养效果良好。企业指导教师要全面参与博士研究生的实践教学、博士学位论文开题、中期检查，以及论文指导与答辩全过程。

四、科研能力及水平

1. 科研水平

在申请领域内应具有很强的重大技术攻关能力和工程技术研究能力。近 5 年，申请单位应作为第一完成单位在本类别中获得过省部级及以上科技奖励至少 3 项。在本类别中应具有国家或省部级科研平台，承担多项省部级及以上重大、重点工程类科技项目或重大横向课题，研究经费充足。近5年内，申请单位在本类别骨干教师年均科研经费不少于50万元，科研总经费年均不少于1500万元，其中国家或省部级重大、重点工程类项目、重大横向课题（实到经费500万元及以上）年均经费不少于1000万元。

2. 实践教学

应与本类别相关的行业骨干企业建立长期稳定的合作关系，并建立研究生合作培养基地。合作企业在相关工程领域应具有省部级及以上技术研发平台，承担多项省部级及以上及企业重大、重点工程类科技项目，研究经费充足，并能为博士专业学位研究生配备高水平和实践经验丰富的企业导师。

3. 支撑条件

申请本类别所涉及的工程领域应具有博士学位授权，具备多学科交叉解决重大、重点工程技术问题的能力。建立博士专业学位研究生培养的管理体系与运行机制，奖助体系完备，有专门的机构和人员负责博士专业学位研究生培养管理工作。在学风建设、学术道德、工程伦理及创新创业等方面具有健全的规章制度及有效的防范机制。对军校及西部地区高校在科研经费和成果方面的要求予以70%折算。

第三节　石油与天然气工程硕士专业学位基本要求

一、概况

石油与天然气工程领域的工程硕士专业学位是与本工程领域任职资格相联系的专业性学位。学位获得者应成为石油行业中基础扎实、素质全面、工程实践能力强并具有一定创新能力的应用型、复合型高层次工程技术和工程管理人才。

石油与天然气工程领域是一个运用科学的理论、方法与技术，分析油藏地质，安全高效地钻探、开采、输运油气资源的工程技术领域。涉及油气地质、工程力学、流体力学、渗流物理、自控理论、计算机技术等基础和应用学科，需要解决油气藏开发地质、钻井、完井、测试、油气渗流规律、油气田开发方案与开采技术、提高采收率、油气矿场收集处理、长距离输送、储存与联网输配等工程问题。

石油与天然气工程领域覆盖油气井、油气田开发、油气储运、矿产普查与勘探、地球探测与信息技术、采矿工程、化学工程、机械工程、交通运输工程和国防工程等相关行业。随着现场实际与理论应用的变化，该领域也面临新的转变，由此对石油工程科技创新和人才培养提出了新的要求，这主要体现在以下几个方面：不断增加的难动用储量中的资源类型变得越来越多，包括低（特低）渗透、高含水、深层、深水及非常规（页岩油气、致密油气、煤层气、油页岩、油砂、稠油及天然气水合物、水溶气）等；油气开采从单纯依靠天然能量的降压开采发展到通过人工补充能量的人工举升开采，并采用物理、化学和生物等综合方法以提高油气田的最终采收率；油气井类型从浅井、中深井发展到深井、超深井和海洋深水钻井，同时从直井发展到定向井、水平井、大位移井、丛式井、分支井、鱼刺井及复杂结构井型；油气储运已经从孤立的管道、铁路油罐车、油库发展到遍布石油天然气工业上、中、下游的综合网络体系，从小口径、短距离、低压力、人工操作的地区性管道发展到大口径、超长距离、高压力、全自动远控的跨国管道，处理的油气介质及相应的工艺技术更趋多样化和复杂化；基于时代的科技发展特征，必然向着信息化、自动化及智能化方向发展。

随着研究对象日趋多样化和复杂化，促使本学科与力学、化学、地质、材料、机械、电子、控制及海洋、环境和管理等相关学科的联系更加紧密，学科交叉与渗透的作用对本学科发展的影响也越来越大。

二、硕士专业学位基本要求

1. 获本专业硕士学位应具备的基本素质

遵纪守法；具有科学严谨、求真务实的学习态度和工作作风；诚实守信，恪守学术道德规范；尊重他人的知识产权，杜绝抄袭与剽窃、伪造与篡改等学术不端行为。

掌握本领域坚实的基础知识和系统的专门知识，了解本领域的技术现状和发展趋势，能够运用先进石油工程方法和技术手段解决工程问题。

具有社会责任感和历史使命感，具有科学精神，掌握科学的思想和方法，坚持实事求是、严谨勤奋、勇于创新，遵守科学道德、职业道德。

具有良好的身心素质和环境适应能力，能够正确对待成功与失败，正确处理人与人、人与社会及人与自然的关系，富有合作精神。

2. 获本专业硕士学位应掌握的基本知识

基本知识包括基础知识和专业知识，涵盖本领域任职资格涉及的主要知识点。

（1）基础知识。

掌握扎实的基础知识，包括中国特色社会主义理论与实践研究、自然辩证法概论、外语、工程数学、工程力学、工程物理、工程化学、计算机应用、石油项目管理与法律法规、知识产权、信息检索等数理与人文社科知识。

（2）专业知识。

掌握系统的专业知识，包括油气藏开发与开采技术、油气管道工程技术、现代钻井工程技术、应用流体力学、应用固体力学、石油与天然气地质学、油气地球物理勘探技术、采油工程方案设计、渗流力学、石油工程岩石力学、天然气工程、物理采油方法、现代试井分析、现代输气管道技术、现代输油管道技术、油气藏经营管理、油藏数值模拟、油气管道运行模拟、油气井管柱力学、油气井增产技术、油气田地面工程、油田化学、现代完井工程、油气井流体力学、最优化方法、含油气盆地分析、储层描述与评价、提高采收率原理与方法等专业知识。

3. 获本专业硕士学位应接受的实践训练

通过实践环节应达到：基本熟悉本行业工作流程和相关职业及技术规范，培养实践研究和技术创新能力，并结合实践内容完成论文选题工作。

实践环节可采取集中实践或分段实践方式，根据石油与天然气领域的特点到相关行业从事实践活动。实践内容可根据不同的实践形式由校内导师或校内及企业导师协商决定；实践时间不少于半年，所完成的实践类学分应占总学分的20%左右；实践结束时所撰写的总结报告要有一定的深度及独到的见解，实践成果直接服务于本单位的技术改造和高效生产。

4. 获本专业硕士学位应具备的基本能力

（1）获取知识能力。

能够通过检索、阅读等手段，获取本领域相关信息，了解本领域的热点和动态，具备自主学习和终身学习的能力。

（2）应用知识能力。

能够运用工程数学、工程物理、工程化学、油气田开发技术、现代油气井工程技术、油气储运技术及计算机技术，解决石油工程相关领域工程问题的能力。

（3）组织协调能力。

具有良好的协调、联络、技术洽谈和国际交流能力，能够在团队和多学科工作集体中发挥积极作用；能够有效组织和领导工程项目的实施，并解决实施进程中所遇到的各种问题。

5. 本类别硕士学位论文基本要求

（1）选题要求。

选题应直接来源于石油工程生产实际，具有明确的石油工程背景，主题要鲜明具体，避免大而泛，具有一定的社会价值或工程应用前景，具体可以从以下几方面选取：

① 石油企业技术攻关、技术改造、技术推广与应用；

② 石油工程新装备、新产品、新工艺、新技术或新软件的研发；

③ 引进、消化、吸收和应用国外石油工程先进技术；

④ 石油工程应用基础性研究、预研专题；

⑤ 一个较为完整的石油工程技术项目或管理项目的规划；

⑥ 工程设计与实施；

⑦ 石油技术标准或规范制定；

⑧ 石油相关工程的需求分析与技术调研。

（2）形式及内容要求。

可以是研究类学位论文，如应用研究论文，也可以是设计类和产品开发类论文，如产品研发、工程设计等，还可以是针对石油工程和技术的软科学论文，如工程管理论文、调查研究报告等。

① 应用研究：指直接来源于石油工程实际问题或具有明确的石油工程应用背景，综合运用基础理论与专业知识、工程实际问题，具有实际应用价值。内容包括绪论、研究与分析、应用和检验及总结等部分，针对研究命题查阅国内外文献资料，掌握石油工程技术发展趋势，对拟解决的问题进行理论分析，实验研究，或数值仿真。

② 产品研发：指来源于石油生产实际的新产品研发、关键部件研发，以及对国内外先进产品的引进消化再研发；包括了各种软、硬件产品的研发。内容包括绪论、研发理论及分析、实施与性能测试及总结等部分，对所研发的产品进行需求分析，确定性能或技术指标；阐述设计思路与技术原理，进行方案设计、详细设计、分析计算或数值仿真等；对产品开发或试制进行性能测试等。

③ 工程设计：指综合运用石油工程理论、科学方法、专业知识与技术手段、技术经济、人文和环保知识，对具有较高技术含量的工程项目、大型设备、装备及其工艺等问题从事的设计。内容包括绪论、设计报告、总结及必要的附件等部分；设计方案要科学合理、数据准确，符合国家、行业标准和规范，同时符合技术经济、环保和法律要求；可以是工程图纸、工程技术方案、工艺方案等，可以用文字、图纸、表格、模型等表述。

④ 工程 / 项目管理：是指一次性大型复杂石油任务的管理，研究的问题可以涉及项目生命周期的各个阶段或者石油工程项目管理的各个方面，也可以是石油企业项目化管理、项目组合管理或多项目管理问题。工程管理是指以自然科学和石油与天然气工程技术为基础的工程任务，可以研究石油与天然气工程的各职能管理问题，也可以涉及石油与天然气工程的各方面技术管理问题等。内容包括绪论、理论方法综述、解决方案设计、案例分析或有效性分析及总结等部分；要求就本领域工程与项目管理中存在的实际问题开展研究，对国内外解决该类问题的具有代表性的管理方法及相关领域的方法进行分析、选择或必要的改进。对该类问题的解决方案进行设计，并对该解决方案进行案例分析和验证，或进行有效性和可行性分析。

⑤ 调研报告：指对石油工程相关领域的工程和技术命题进行调研，通过调研发现本质，找出规律，给出结论，并针对存在或可能存在的问题提出建议或解决方案。内容包括绪论、调研方法、资料和数据分析、对策或建议及总结等部分，既要包含被调研对象的国内外现状及发展趋势，又要调研该命题的内在因素及外在因素，并对其进行深入剖析。

（3）规范要求。

条理清楚，用词准确，表述规范。学位论文一般由以下几个部分组成：

① 封面，包含题目、作者、导师等信息；

② 中英文摘要、关键词；

③诚信与知识产权声明；

④ 选题的依据与意义；

⑤ 国内外文献资料综述；

⑥ 论文主体部分；

⑦ 参考文献；

⑧ 必要的附录（如成果证书、设计方案、设计说明、设计图纸、程序源代码、发表论文等）；

⑨ 致谢。

（4）学位论文水平要求。

① 学位论文工作有一定的技术难度和深度，论文成果具有一定的先进性和实用性；

② 学位论文工作应在导师指导下独立完成，论文工作量饱满；

③ 学位论文中的文献综述应对选题所涉及的工程技术问题或研究课题的国内外状况有清晰的描述与分析；

④ 学位论文的正文应综合应用基础理论、科学方法、专业知识和技术手段对所解决的科研问题或工程实际问题进行分析研究，并能在某些方面提出独立见解；

⑤ 学位论文撰写要求概念清晰，逻辑严谨，结构合理，层次分明，文字通畅、图表清晰、概念清楚、数据可靠、计算正确。

三、编写成员名单

闫铁（东北石油大学）、杜扬（陆军勤务学院）、张劲军［中国石油大学（北京）］、陈勉［中国石油大学（北京）］、陈次昌（西南石油大学）、孟英峰（西南石油大学）、宫敬［中国石油大学（北京）］、姚军［中国石油大学（华东）］。

第四节　石油与天然气工程博士专业学位基本要求

一、获本类别博士专业学位应具备的基本素质

石油与天然气工程博士专业学位获得者应热爱祖国，遵纪守法，具有科学严谨、求真务实的学习态度和工作作风，诚实守信，恪守学术道德规范，尊重他人的知识产权，杜绝抄袭与剽窃、伪造与篡改等学术不端行为。

掌握石油与天然气工程相关领域坚实的基础理论和丰富的专业知识及管理知识，了解国内外石油与天然气工程技术的现状和发展趋势，掌握解决石油与天然气工程复杂工程问题的先进技术方法和手段，具有独立担负工程技术研发或工程管理的能力，具有较强的创新能力。

具有高度的社会责任感、强烈的事业心和科学精神、掌握科学的思想和方法，坚持实事求是、严谨勤奋、勇于创新，能够正确对待成功与失败，遵守职业道德和工程伦理。

具有良好的身心素质和环境适应能力，富有合作精神，能既正确处理国家、单位、个人三者之间的关系，也能正确处理人与人、人与社会，以及人与自然的关系。

二、获本类别博士专业学位应掌握的基本知识

石油与天然气工程博士专业学位获得者应掌握扎实宽广的基础学科理论知识，以及本类别相关工程领域系统深入的专门知识和工程技术知识，熟悉相关工程领域的发展趋势与前沿，同时应掌握相关的人文社科及工程

管理知识。应熟练掌握一门外语。

三、获本类别博士专业学位应接受的实践训练

熟悉本行业工作流程和相关职业及技术规范，培养实践研究和技术创新能力。应结合重大项目开展实践，解决项目的关键技术问题，或实践成果直接服务于实践单位的技术开发、技术改造和高效生产。

四、获本类别博士专业学位应具备的基本能力

石油与天然气工程博士专业学位获得者应具备解决复杂工程技术问题、进行工程技术创新、组织工程技术研究开发工作的能力及良好的沟通协调能力，具备国际视野和跨文化交流能力。

1. 获取知识能力

具有独立获取新知的能力，具有利用现代信息工具检索和分析信息的能力，能在导师指导下对前人知识进行学习和筛选，并具有批判性学习的能力，以及自主学习和终身学习的能力。

2. 学术鉴别能力

熟悉本类别和相关领域的国内外前沿、技术发展趋势、研究方法与手段，具有独立的批判精神和由结果回溯假设前提及推知研究技术路线的能力，由此形成对本类别已有成果和待鉴定成果进行价值判断的能力。

3. 工程实践能力

具备较强的学科交叉与综合分析能力，能够根据工程实际有效运用各种专业知识，通过定性和定量研究，解决所遇到石油与天然气工程复杂工程问题；能够开展系统深入的工程实践以及在工程实践中提炼科学技术问题；能够承担并完成石油与天然气工程相关领域的工程项目，并在其中发挥重要作用。

4. 科学研究与技术创新能力

具有较强的科学研究能力和技术创新能力，能够针对石油与天然气工

程相关领域的复杂工程问题开展基础研究和关键技术研发；能够开拓、创新和发展新思路、新方法、新技术、新装备、新工艺、新流程和新方案。

5. 学术交流能力

应熟练掌握一门外语，具备良好的学术交流能力，能够运用口头、书面、多媒体等方式与国内外同行进行交流，自由表达学术思想和见解，展示研究成果。

6. 其他能力

具备较强的组织协调和沟通能力，以及工程管理能力，能够在团队和多学科工作集体中发挥重要作用，能够高效地组织与领导实施工程项目开发，并能综合考虑相关社会、法律、伦理、经济、环境等因素，解决项目实施过程中所遇到的各种问题。

五、本类别博士专业学位论文基本要求

石油与天然气工程博士专业学位研究生必须完成学位论文。

1. 选题要求

石油与天然气工程博士专业学位论文选题应来自相关工程领域的重大、重点工程项目，并具有重要的工程应用价值或应用前景。

综述是选题的立论依据，必须追溯所提出问题的源头，界定核心概念和关键词，系统介绍前人研究的创新观点、思路、研究方法及技术路线，评述前人研究成果的先进性和存在的缺陷与不足，并从中发现值得研究的重要工程技术难题，有理有据地提出自己的不同观点和研究思路，从而形成学位论文的理论基础。

2. 形式与内容要求

石油与天然气工程博士专业学位论文应做出创造性成果，成果形式包括学术论文、发明专利、行业标准、科技奖励等。成果应与学位论文内容直接相关，并且是在攻读学位期间取得的。

石油与天然气工程博士专业学位论文内容应与解决重大工程技术问

题、实现企业技术进步和推动产业转型升级紧密结合，可以是重大项目可行性研究、工程新技术研究、重大工程设计、新产品或新装备研制等。

（1）简要阐述论文选题的理论意义和实用价值，综述国内外研究动态与趋势，提出需要解决的工程技术问题和途径以及本人研究或设计思路、方法和技术路线。

（2）说明研究中所采用的科学调查和实验手段、数据分析和数值计算方法，对整理和处理的数据进行合理解释、理论分析及讨论。

（3）对所得结果进行概括和总结，形成最终的科学结论和方法技术成果，并对需要进一步研究的问题提出看法和建议。

（4）学位论文的内容要求概念清楚、立论依据充分、分析严谨、数据可靠、计算正确、设计方案先进实用，符合国家、行业标准和规范及技术、经济、环保和法律要求。

（5）论文应该给出研究中涉及的所有公式、计算程序说明，列出必要的原始数据；论文中插图或附图均应电脑成图，各种图件应正确注明图号、图名、图例、比例尺及其他说明。

3. 规范要求

学位论文撰写要求层次分明、逻辑清晰、文字简练、图表清晰、表达流畅，用词准确，论述与文献引用规范。学位论文正文字数一般不少于5万字，一般由以下几个部分组成：封面、独创性声明、学位论文版权使用授权书、摘要与关键词（中外文对照）、论文目录、正文、参考文献、发表文章和发明专利及成果获奖目录、致谢和必要的附录（例如，成果证书、设计方案、设计说明、设计图纸、算法描述、核心计算程序结构和源代码等）。

4. 水平要求

对石油与天然气工程博士专业学位论文应评价其学术水平、技术创新水平与社会经济效益，并着重评价其创新性和实用性；博士专业学位论文答辩前，应在国际或国内重要学术刊物上发表一定数量的与其学位论文相关的高水平学术论文。

第五节　石油与天然气工程专业学位基本要求说明

石油与天然气工程是关系到人类可持续发展的重要领域，是国民经济建设和生态文明建设的重要支柱。本类别博士、硕士专业学位设置围绕解决社会经济高速发展与资源匮乏、环境恶化、能源危机等一系列人与资源环境之间的突出矛盾和重大问题，支撑国民经济和社会健康可持续发展，培养同石油与天然气工程领域具备高级任职资格相关联的专业性学位。

本类别以自然科学理论为基础，以测绘、资源勘查与开发、冶金以及人类活动相关的地质工程和环境问题为主要对象，利用自然科学技术和工程科学技术的方法和手段，研究资源勘查与高效、清洁、安全开发利用以及环境保护的工程设计与规划、工程工艺与技术、材料与装备、工程管理等工程科技问题，面向地质工程、矿业工程、石油与天然气工程、环境工程、冶金工程、测绘工程领域相关的行业、企业，在硕士专业学位层次培养基础扎实、素质全面、工程实践能力强、熟练掌握工程技术、具备创新能力和现代工程管理能力的应用型、复合型高层次工程技术和工程管理人才。在博士专业学位层次培养具有坚实宽广的理论基础和系统深入的专门知识，具备解决复杂工程问题、进行工程技术创新以及组织实施高水平工程技术项目等能力的高层次专门人才，为培养和造就石油与天然气工程类别工程技术领军人才奠定基础。

本专业学位类别服务于与地质、资源开发、冶金和环境保护相关的各行业，包括：测绘、地质、矿业、能源、冶金、环保、化工、材料、制造、土木、水利、农林、交通、海洋、医药、食品、城镇建设、国防建设和防灾减灾等行业。通过多学科交叉融合和高新技术研究应用，将极大拓展人类的认识范畴，推动上述行业的创新发展，开拓新工程领域和引领技术，为人类与自然和谐发展提供所必需的物质保障和全新的发展理念。

第三章

石油与天然气工程专业学位课程体系

石油与天然气工程专业面向我国石油与天然气工程领域重大战略需求，以国家科技重大专项等国家重大、重点工程项目为依托，致力于培养德才兼备、爱岗敬业，具有技术创新力、组织领导力、国际化视野、社会责任感的高层次综合性工程技术创新人才，为培养造就高层次工程技术领军人才奠定基础。

本章依据各方向专业学位需求介绍课程体系，主要包括课程设置支持毕业要求达成和校内外专家参与课程体系设计情况。

第一节　石油与天然气工程领域全日制专业博士研究生培养方案

石油与天然气工程领域工程博士专业学位获得者应具有石油与天然气工程领域坚实宽广的理论基础和系统深入的专门知识；具备解决复杂工程技术问题、进行工程技术创新以及规划和组织工程技术研究开发工作的能力；在推动产业发展和工程技术进步方面做出创造性成果。

石油与天然气工程领域工程博士生可采用全日制和非全日制两种学习方式培养。主要依托相关工程领域的国家重点研发计划、重大专项，以及与中国石油、中国石化、中国海油等企业战略合作重大、重点工程项目，紧密结合企业的工程实际，聘请企业（行业）具有丰富工程实践经验的专家作为导师组成员，采用校企双导师联合指导方式。根据工程实际需要可实现多导师组合、硕博组合、青年教师参与以及多企业联合等多元组合培养。

工程博士生须定期（每月、每季度或每 6 个月）就学位论文进展情况向导师组进行汇报，作为报告人至少参加一次学校组织的工程博士学术交流论坛。

一、全日制专业博士研究生培养方向

1. 油气钻采工程

油气钻采工程聚焦深层、深水、非常规及老油田等复杂油气田高效绿色勘探开发，顺应能源领域低碳绿色转型与数字化升级，研究复杂油气田安全高效绿色智能建井与开发相关的新材料、新工具和新技术。

2. 油气储运工程

油气储运工程以油气管道输送、油气田地面集输与处理、油气储存与装卸、燃气输配以及新能源储运为研究对象，适应低碳生产与数字化和智能化发展，研究高效绿色智能的生产工艺、结构与设备，以及相关能源安全供给保障的理论、方法、技术及其应用。

3. 海洋油气工程

海洋油气工程以海洋油气资源勘探开发利用为研究对象，针对海洋环境的特殊性和复杂性，通过将油气基础理论知识与海洋特殊的自然环境、海洋装备和工程技术深入结合，研究海洋（包括深海、极地）石油与天然气资源钻探、开发、集输、装备等关键技术和前沿问题。

4. 油气智能工程

以油气工程信息化技术为基础，获取油气勘探开发的各类测试数据，借助大数据分析形成表征工程问题的数据湖并开展数据治理，应用人工智能方法和技术，实现油气工程实施方案的智能优选、油气工程实施过程的智能调控、油气工程实施效果的智能评价。

二、课程设置情况

为支持培养目标的达成，课程设置覆盖了与本专业培养目标相适应的公共基础课、专业核心课和选修课，设置了完善的实践教学体系。本领域专业学位的教学培养计划见表 3-1。

表 3-1 工程类博士专业学位研究生教学培养计划

课程类别	课程编号	课程名称	学分	学时	学期	授课方式	考试方式	分组情况
公共基础课程	1307119	系统科学理论与方法专题	1	16	2	面授讲课	笔试	第 1 组 至少选 3 门
	1308003	中国马克思主义与当代	2	32	1	面授讲课	笔试	
	1312014	数据挖掘与知识发现（Ⅱ）	1	16	2	面授讲课	笔试	
核心课程	1302104	油气钻采工程技术进展	2	32	2	面授讲课	考查	第 2 组 至少选 1 门
	1304107	油气储运工程科技进展	3	48	2	面授讲课	考查	
	1307207	管理科学研究前沿专题	1	16	2	面授讲课	考查	
	1310034	海洋油气工程科技进展	2	32	2	面授讲课	考查	
	1313003	油气人工智能科技进展	1	16	2	面授讲课	考查	
	1302105	现代油气钻采技术科学	2	32	2	面授讲课	考查	第 3 组 至少选 1 门
	1304098	现代油气储运系统工程理论	3	48	2	面授讲课	考查	
	1305053	人工智能原理与应用	2	32	2	面授讲课	考查	
	1305119	油气管道可靠性与完整性	3	48	2	面授讲课	考查	
	1307192	管理科学研究方法	2	32	2	面授讲课	考查	
	1302134	行业趋势与发展战略	1	16	2	面授讲课	考查	第 6 组 专项试点研究生 必选
	1302135	关键领域科技进展	1	16	2	面授讲课	考查	

续表

课程类别	课程编号	课程名称	学分	学时	学期	授课方式	考试方式	分组情况
选修课程	1302002	采油工程理论与技术	3	48	2	面授讲课	考查	第 4 组 至少选 3 学分
	1302005	多相流理论	2	32	2	面授讲课	考查	
	1302020	海洋石油平台结构设计	2	32	1	面授讲课	考查	
	1302038	提高油气采收率科学与技术	3	48	1	面授讲课	考查	
	1302052	油气渗流力学理论	3	48	2	面授讲课	考查	
	1302118	应用计算力学选讲	3	48	2	面授讲课	考查	
	1302122	应用流体力学	3	48	2	面授讲课	考查	
	1304024	海洋工程结构力学	2	32	1	面授讲课	考查	
	1304027	海底管道结构设计	2	32	1	面授讲课	考查	
	1304043	油气管道流动保障技术	2	32	2	面授讲课	考查	
	1304054	深水平台系统可靠性与安全	3	48	2	面授讲课	考查	
	1304064	液化天然气储运	3	48	2	面授讲课	考查	
	1304093	油气多相管流与传热	2	32	1	面授讲课	考查	
	1304094	油气储运安全系统工程	2	32	2	面授讲课	考查	
	1304095	油气储运工程技术经济	2	32	2	面授讲课	考查	

续表

课程类别	课程编号	课程名称	学分	学时	学期	授课方式	考试方式	分组情况
选修课程	1307011	管理系统工程	2	32	2	面授讲课	考查	第 4 组 至少选 3 学分
	1307020	企业经营战略	2	32	2	面授讲课	考查	
	1307044	管理信息系统	2	32	2	面授讲课	考查	
	1307142	能源经济管理专题	1	16	2	面授讲课	考查	
	1308004	马克思主义经典著作选读	1	16	1	面授讲课	考查	
	1325009	水下生产系统故障诊断与虚拟可视化	2	32	2	面授讲课	考查	
实践环节	1300003	国际学术交流或研修	1	16	1	其他	考查	第 5 组 至少选 2 门
	1300006	专业实践	1	16	2	实习	考查	

三、学分要求

工程博士课程体系由公共基础课、专业核心课和选修课等构成。专业核心课包括工程领域新兴和前沿技术课程、跨学科课程和职业发展类课程。鼓励针对工程博士生开设订单式课程，创新授课方式，建设慕课，致力于培养工程博士生的综合素养、工程创新能力以及加强工程伦理教育。导师（团队）与工程博士生共同协商制定个性化培养计划，总学分不少于10学分。

四、实践环节

（1）专业实践。专业实践是工程博士生培养的必修环节。工程博士生在学习期间应结合所承担的企业大型或重大工程项目，围绕其研究方向开展专业实践，着重培养工程技术创新与组织管理能力。具体实践形式、内容、时间由导师团队根据工程博士生情况制定。专业实践结束后，工程博士生需提交书面实践报告，经校内外导师签署审核意见，并通过学院考核通过后记1学分。全日制工程博士生须有累计不少于1年的专业实践经历。

（2）学术交流。学生在学期间，须有参加国内外高水平学术交流或研修的经历，经学院（研究院）审核通过后记1学分。

五、中期考核

工程博士生实行中期考核制度，强化培养质量标准，具体实施参照学校《博士研究生中期考核实施办法》执行。

六、学位论文

（1）论文选题：应来自相关工程领域的重大、重点工程项目，紧密结合企业的工程实际，具有重要的工程应用价值。

（2）研究内容：学位论文内容应与解决重大工程技术问题、实现企业技术进步和推动产业升级紧密结合，可以是工程新技术研究、重大工程设计、新产品或新装置研制等。

（3）成果形式：学位论文应独立做出创造性成果，成果形式包括学术论文、发明专利、行业标准、科技奖励等。成果应与学位论文内容相关，并在攻读学位期间取得。

（4）水平评价：对工程类博士专业学位论文应评价其学术水平、技术创新水平与社会经济效益，并着重评价其创新性和解决实际工程问题的能力。

第二节　石油与天然气工程领域全日制专业硕士研究生培养方案

石油与天然气工程领域工程硕士研究生，根据招生类别采取全日制和非全日制学习方式，课程学习实行学分制。全日制研究生一般为脱产学习，主要于第一、第二学期在学校进行集中课程学习。

实行校企导师组联合指导方式培养，以校内导师为主，产学研协同培养。每名研究生由 1 名校内导师和 1 名企业导师进行指导，校外导师主要在专业实践、企业实习和论文工作等环节对研究生进行指导，加强专业学位研究生的专业实践训练与培养，提升专业实践能力和职业素养。

在课程教学方面，除传统的课堂教学外，重视运用团队学习、案例分析、现场研究、模拟训练、在线学习等方法，提高教学效果。聘请有实践经验的国内外行业（企业）工程技术专家、高级管理人员来校开设讲座或承担部分专业实践课程或案例课程教学。

一、全日制专业硕士研究生培养方向

石油与天然气工程领域专业学位研究生培养方向包括：

（1）油气藏渗流理论与开发技术。

（2）油气田钻采力学与控制工程。

（3）油气田流体力学与钻采工程。

（4）油气地质力学与工程。

（5）油气田化学与提高采收率。

（6）油气输送与储存理论与技术。

（7）油气集输与城市输配理论与技术。

（8）海洋油气工程理论与技术。

（9）非常规油气工程理论与技术。

（10）油气工程信息化与智能化技术。

二、课程设置情况

为满足石油与天然气工程专业学位硕士毕业生的能力要求，课程设置要服务于专业培养目标，石油与天然气工程专业学位硕士毕业生以服务于石油、石化等企业为主，因此在培养计划的制定和调整方面邀请了石油、石化等企业与行业专家参与，充分了解用人单位对人才能力的需求，使得培养目标的制定具备科学性和合理性，并且满足行业需求。根据此培养目标设置本专业的课程体系，从而实现课程体系能够支撑培养目标的达成。

为支持培养目标的达成，课程设置覆盖了与本专业培养目标相适应的公共基础课、专业核心课、选修课，设置了完善的实践教学体系。本方向专业学位的教学培养计划见表 3–2。

三、学分要求

根据专业学位硕士研究生的教学培养方案，建议要求毕业生总学分不少于 32 学分，各类课程选修要求见表 3–2。

四、实践环节

全日制硕士专业学位研究生按照学校的《全日制硕士专业学位研究生专业实践管理办法》和学院制定的石油与天然气工程方向专业实践大纲执行。

五、学制与其他

全日制硕士研究生学制为 3 年，无休学在校最长学习年限为 4 年，有休学在校最长学习年限为 5 年。

中期考核按照学校有关规定进行。

学位论文要求参照学校相关文件执行。

表 3-2　工程类硕士专业学位研究生教学培养计划

课程类别	课程编号	课程名称	学分	学时	学期	授课方式	考试方式	分组情况
公共基础课程	1300015	科技论文写作	2	32	2	面授讲课	笔试	第 1 组，至少选 5 门
	1308002	自然辩证法概论	1	16	1	面授讲课	笔试	
	1308064	工程伦理	1	16	1	面授讲课	笔试	
	1308081	新时代中国特色社会主义理论与实践	2	32	2	面授讲课	笔试	
	1309096	学术英语读写	2	32	1	面授讲课	笔试	
核心课程	1302055	有限元方法	3	48	2	面授讲课	考查	第 2 组，至少选 1 门
	1306002	工程数学	3	48	2	面授讲课	考查	
	1306003	应用统计方法	3	48	2	面授讲课	考查	
	1302041	现代油气井工程理论和方法	3	48	2	面授讲课	考查	第 3 组，至少选 1 门
	1302124	现代油气田开发理论与技术	3	48	2	面授讲课	考查	
	1304098	现代油气储运系统工程理论	3	48	2	面授讲课	考查	
	1302012	高等渗流力学	3	48	2	面授讲课	考查	第 7 组，至少选 5 学分
	1302014	高等油藏工程	3	48	2	面授讲课	考查	
	1302031	人工举升理论	3	48	2	面授讲课	考查	
	1302044	油藏数值模拟	3	48	2	面授讲课	考查	
	1302061	油气井工程设计规范与法规	2	32	2	面授讲课	考查	

续表

课程类别	课程编号	课程名称	学分	学时	学期	授课方式	考试方式	分组情况
核心课程	1302099	海洋油气开采技术	3	48	2	面授讲课	考查	第7组，至少选5学分
	1302100	海洋油气钻井技术	3	48	2	面授讲课	考查	
	1302114	人工智能与油气工程	2	32	2	面授讲课	考查	
	1302122	应用流体力学	3	48	2	面授讲课	考查	
	1302123	应用固体力学	3	48	1	面授讲课	考查	
	1304071	油气储运工程设计规范与法规	2	32	2	面授讲课	考查	
	1304094	油气储运安全系统工程	2	32	2	面授讲课	考查	
	1305119	油气管道可靠性与完整性	3	48	2	面授讲课	考查	
	1310005	结构疲劳与断裂	2	32	2	面授讲课	考查	
	1310033	结构动力学	2	32	2	面授讲课	考查	
选修课程	1302001	采油工程方案设计	2	32	2	面授讲课	考查	
	1302016	海上作业安全	2	32	1	面授讲课	考查	
	1302030	欠平衡钻井理论与方法	2	32	2	面授讲课	考查	
	1302037	提高采收率原理与方法	2	32	2	面授讲课	考查	
	1302045	油气藏经营管理	2	32	2	面授讲课	考查	
	1302050	油气井流体力学	2	32	2	面授讲课	考查	

续表

课程类别	课程编号	课程名称	学分	学时	学期	授课方式	考试方式	分组情况
选修课程	1302064	油气田开发工程软件概要	2	32	1	面授讲课	考查	
	1302069	现代试井分析	2	32	1	面授讲课	考查	
	1302071	岩石破碎原理与方法	2	32	2	面授讲课	考查	
	1302108	海洋深水钻井工程与管柱力学	2	32	1	面授讲课	考查	
	1302116	封堵学基础理论及油气井封堵技术	2	32	1	面授讲课	考查	
	1302119	石油工程岩石力学Ⅱ	2	32	2	面授讲课	考查	
	1302121	高等油气田化学	2	32	2	面授讲课	考查	
	1302132	应用开发地质学	3	48	2	面授讲课	考查	
	1302133	油气井管柱力学	3	48	2	面授讲课	考查	
	1302134	行业趋势与发展战略	1	16	2	面授讲课	考查	
	1302135	关键领域科技进展	1	16	2	面授讲课	考查	
	1302136	水力压裂力学	2	32	1	面授讲课	考查	
	1304026	水下生产系统及工程	2	32	2	面授讲课	考查	
	1304027	海底管道结构设计	2	32	2	面授讲课	考查	
	1304039	现代油气储运技术概论	2	32	2	面授讲课	考查	
	1304054	深水平台系统可靠性与安全	3	48	2	面授讲课	考查	

续表

课程类别	课程编号	课程名称	学分	学时	学期	授课方式	考试方式	分组情况
选修课程	1304066	高等工程热力学	3	48	1	面授讲课	考查	
	1304073	油气储运工程应用软件概要	2	32	2	面授讲课	考查	
	1304088	油气储运系统大数据分析	2	32	2	面授讲课	考查	
	1304089	油气储运系统数字化和智能化	2	32	2	面授讲课	考查	
	1304090	高等工程力学	3	48	1	面授讲课	笔试	
	1304093	油气多相管流与传热	2	32	1	面授讲课	考查	
	1310008	人工智能概论	1	16	2	面授讲课	考查	
	1310011	海底管道与立管系统	2	32	1	面授讲课	考查	
	1310015	多孔介质力学	3	48	2	面授讲课	考查	
	1310016	复合材料管道结构设计	2	32	2	面授讲课	考查	
	1310017	水下装备安装技术与应用	2	32	2	面授讲课	考查	
	1320001	碳中和科学与工程	2	32	2	面授讲课	考查	
	1320002	非常规油气地质工程一体化	2	32	1	面授讲课	考查	
	1308034	社会调查原理与方法	2	32	2	面授讲课	考查	第4组，至少选1门
	1308059	中国石油文化	2	32	2	面授讲课	考查	

续表

课程类别	课程编号	课程名称	学分	学时	学期	授课方式	考试方式	分组情况
选修课程	1302065	钻井工程实践与案例分析	3	48	2	面授讲课	考查	第5组，选1～2门，开发与钻井方向的专硕需选2门
	1302092	完井工程实践与案例分析	3	48	2	面授讲课	考查	
	1302102	海洋油气工程实践与案例分析	3	48	2	面授讲课	考查	
	1302106	油藏工程实践与案例分析	3	48	2	面授讲课	考查	
	1302107	采油工程实践与案例分析	3	48	2	面授讲课	考查	
	1304072	油气储运工程实践与案例分析	2	32	2	面授讲课	考查	
实践环节	1300007	专业实践	6		2	实习	考查	第6组，至少选1门
补修课程	100203E001	油层物理	0	48	2	面授讲课	考查	
	100203E002	油田化学工程	0	40	2	面授讲课	考查	
	100203E004	完井工程	0	48	2	面授讲课	考查	
	100203E005	渗流力学	0	56	2	面授讲课	考查	
	100203E006	流体力学	0	48	2	面授讲课	考查	
	100203E019	材料力学	0	48	2	面授讲课	考查	
	100203E021	钻井工程	0	56	2	面授讲课	考查	
	100203E022	采油工程	0	56	2	面授讲课	考查	
	100203G001	石油工程概论	0	32	2	面授讲课	考查	

续表

课程类别	课程编号	课程名称	学分	学时	学期	授课方式	考试方式	分组情况
补修课程	100203T001	油藏工程	0	48	2	面授讲课	考查	
	100203T077	理论力学	0	40	2	面授讲课	考查	
	100204T001	海洋油气工程概论	0	16	2	面授讲课	考查	
	100409E002	输油管道设计与管理	0	48	2	面授讲课	考查	
	100409E003	油气集输（双语）	0	40	2	面授讲课	考查	
	100409E007	油气储存与装卸	0	40	2	面授讲课	考查	
	100409T006	输气管道设计与管理	0	48	2	面授讲课	考查	
	100409T022	城市燃气输配	0	32	2	面授讲课	考查	
	100411T011	管道与储罐强度	0	32	2	面授讲课	考查	

第四章

石油与天然气工程专业学位研究生核心课程指南

石油与天然气工程专业学位研究生核心课程涉及油气田开发工程方向、油气井工程方向、油气储运工程方向和海洋油气工程方向，是专业学位核心知识点课程化的具体体现，由全国石油与天然气工程专业学位开设院校组成的专家组队筛选课程、编写而成。

第一节　石油与天然气工程专业学位核心课程

（1）应用固体力学。

（2）应用流体力学。

（3）应用物理化学。

（4）高等工程热力学。

（5）工程地质学。

（6）现代油气藏开发理论与技术。

（7）现代油气井工程理论与方法。

（8）油气储运系统工程。

（9）油气井工程科技进展。

（10）油气田开发科技进展。

（11）油气储运工程科技进展。

（12）人工智能与油气工程。

第二节 《应用固体力学》课程指南

一、课程概述

《应用固体力学》是一门综合性很强的力学基础课，是石油与天然气工程专业型研究生学位课程。本课程在本科生《工程力学》和《弹性力学》课程基础上，通过课程讲授、课内研讨等授课方式，深入讲述应力分析、应变分析、本构方程、弹性理论基本解法、数值解法和工程应用以及连续介质的统一理论描述和数学表达，研究油气井工程管柱和岩石介质受到外力载荷、温度载荷及边界约束等作用时，弹塑性变形和应力状态的科学以及介质受力变形或者运动时的基本规律及数学描述和求解方法。本课程注重石油工程与海洋工程中的实际工程问题，提高学生对弹塑性理论和连续介质理论的认识与理解，是科研工作的重要工具。

二、先修课程

工程力学、弹性力学和材料力学等。

三、课程目标

培养石油与天然气工程专业的研究生掌握弹塑性力学基本概念和方法，课程基本假定和基本定理，弹塑性力学基本力学方程组，弹塑性力学描述材料力学行为的常用本构关系，实际工程问题的弹塑性力学基本解法和弹塑性力学数值解法。此外，掌握介质受力变形或运动时的基本规律及数学描述和求解方法，包括张量的基本理论，连续介质力学基本假设和基本方程组，固体、流体变形与受力的基本问题。最后，具备利用所学知识解决石油工程中应用固体力学问题的能力。

四、适用对象

石油与天然气工程学科及相关专业硕士研究生，石油与天然气工程学科博士研究生。

五、授课方式

主要采用课堂理论授课、研讨式教学等教学方式相结合。

六、课程内容

（1）应力应变分析。
（2）本构关系。
（3）弹塑性平面问题解法。
（4）张量代数。
（5）连续介质理论。
（6）线性弹性固体。
（7）线性黏性流体。
（8）弹塑性有限元法。

七、考核要求

考核主要包括：笔试成绩、研讨成绩和作业成绩。

考核标准：笔试成绩以试卷成绩为准；研讨成绩根据学生准备材料、讲述质量评分；作业成绩按照作业质量评定分数。

八、编写成员名单

刘福江［中国石油大学（北京）］、陈勉［中国石油大学（北京）］。

第三节 《应用流体力学》课程指南

一、课程概述

《应用流体力学》是石油与天然气工程专业的研究生学位课程。本课程是在本科生《工程流体力学》《渗流力学》等课程的基础上，通过课堂讲授、研讨式、案例式等教学方式，重点讲述流体力学、渗流力学和多相管流理论。流体力学基础理论主要包括流体运动学、流体力学基本方程组、理想流体流动、黏性流体层流流动、非牛顿流体流动等；渗流力学基础理论主要包括油气渗流力学基本原理、稳定渗流和弹性不稳定渗流理论、多相多组分渗流理论等。多相管流理论主要包括气液两相流动基本理论与方法、油气生产过程中气液两相流动规律等。通过本课程的学习掌握应用流体力学相关的基本概念、基本原理，为后续开展科研工作、研究生论文撰写和从事相关专业工作与科学研究打下良好基础。

二、先修课程

工程流体力学、渗流力学、采油工程和数值分析等。

三、课程目标

培养石油与天然气工程专业的研究生正确理解应用流体力学的基本概念、规律、模型和计算方法、能够运用所学知识解决石油工程中应用流体力学相关的问题，掌握流体力学、渗流力学和多相管流的基本原理，可以运用其基本理论与方法，解决石油工程中的一些复杂流动问题。面向国家油气重大需求，培养学生的创新能力和实践能力，锻炼学生在石油工程领域解决复杂问题的能力。

四、适用对象

石油与天然气工程学科及相关专业硕士研究生，石油与天然气工程学科博士研究生。

五、授课方式

主要采用课堂理论授课、研讨式教学和案例式教学等教学方式相结合。

六、课程内容

（1）流体力学基本方程。

（2）理想流体力学。

（3）黏性流体流动。

（4）非牛顿流体流动。

（5）稳定渗流与弹性不稳定渗流理论。

（6）多相多组分渗流理论。

（7）多相管流基础理论。

（8）井筒多相管流计算。

七、考核要求

本课程考核主要包括：笔试成绩、研讨成绩和作业成绩。

考核标准：笔试成绩以试卷成绩为准；研讨成绩根据学生准备材料、讲述质量评分；作业成绩按照作业质量评定分数。

八、编写成员名单

薛亮［中国石油大学（北京）］、程林松［中国石油大学（北京）］、韩国庆［中国石油大学（北京）］、李成勇（成都理工大学）。

第四节 《应用物理化学》课程指南

一、课程概述

《应用物理化学》是石油与天然气工程专业的研究生专业基础课程，涉及胶体与界面、油气储层和钻采工作流体等物理化学问题，重点讲述物理化学基础知识、油气层物理化学及钻采工作液的物化特性与物化过程等。通过本课程的学习，有利于开阔研究生的物理化学视野，创新研究与有效解决油气工程中的物理化学问题等，为后续的专业课学习、学术研究及工程应用等奠定相关的理论基础。

二、先修课程

物理学、热力学、油层物理学和大学基础化学等。

三、课程目标

培养石油与天然气工程学科专业的研究生理解和掌握基本的物理化

学知识、油气工程中的物理化学问题及其典型的研究成果举例等，进一步培养提高研究生研究解决油气工程中物理化学问题的知识水平和创新能力。

四、适用对象

石油与天然气工程学科及相关专业的硕士研究生，石油与天然气工程学科博士研究生。

五、授课方式

主要采用课堂理论授课、研讨式教学和案例式教学等教学方式相结合。

六、课程内容

（1）绪论。
（2）化学与相平衡。
（3）电化学。
（4）化学动力学。
（5）界面现象与胶体化学。
（6）油气层物理化学。
（7）钻采液相关的物理化学问题及其典型研究成果等。

七、考核要求

本课程考核主要包括：笔试成绩、研讨成绩和作业成绩。

考核标准：笔试成绩以试卷成绩为准；研讨成绩根据学生准备材料、讲述质量评分；作业成绩按照作业质量评定分数。

八、编写成员名单

杨胜来［中国石油大学（北京）］、侯吉瑞［中国石油大学（北京）］、王业飞［中国石油大学（华东）］、赵立强（西南石油大学）、李华斌（成都理工大学）。

第五节 《高等工程热力学》课程指南

一、课程概述

《高等工程热力学》是石油与天然气工程专业的研究生学位课程。本课程是在本科生专业课程《工程热力学》《传热学》等课程基础上，通过课堂讲授、研讨式和案例式等教学方式，在简要讲述热力学基本概念和基本定律的基础上，重点讲述流体的热物理性质、实际气体状态方程和热力过程、熵及熵分析、效能评价、相平衡理论与计算、热传导理论、传热传质数学模型建立与求解等。针对石油天然气开发、生产、储运等工程实际中的关键问题进行理论教学和讨论，并结合稠油开发、原油输送和天然气处理等工艺过程，使学生对热力学基础知识、石油和天然气的热物理性质、热传导基础理论、传质传热数学模型建立求解及应用等有更加深入的认识，培养和锻炼学生解决工程实际问题的能力。

二、先修课程

高等数学、流体力学、工程热力学和传热学等。

三、课程目标

培养石油与天然气工程专业的研究生掌握工程热力学基础理论、流体热物理性质、热传导基本理论、传质传热数学模型建立、求解及应用等，了解石油与天然气工程领域各环节工程热力学相关的最新研究成果，锻炼学生从事原创性基础理论及新技术研究的意识和综合应用基础理论分析和解决复杂工程问题的能力。

四、适用对象

石油与天然气工程学科及相关专业硕士研究生，石油与天然气工程学科博士研究生。

五、授课方式

课堂理论教学模式和研讨式教学模式两种授课方式相结合。

六、课程内容

（1）热力学基本概念。
（2）热力学基本定律。
（3）流体的热物理性质。
（4）真实气体状态方程和热力过程。
（5）熵及熵分析、能效评价。
（6）相平衡理论与计算。
（7）热传导理论。
（8）传质传热数学模型建立与求解等。

七、考核要求

本课程考核主要包括：笔试成绩、研讨成绩和作业成绩。

考核标准：笔试成绩以试卷成绩为准；研讨成绩根据学生准备材料、讲述质量评分；作业成绩按照作业质量评定分数。

八、编写成员名单

姬忠礼［中国石油大学（北京）］、王艺［中国石油大学（北京）］。

第六节 《工程地质学》课程指南

一、课程概述

《工程地质学》是石油与天然气工程学科专业的研究生地质类学位课程，是在本科生专业课程《钻井地质学》《油田开发地质学》和《储层地质学》等课程基础上，通过课堂讲授、研讨式、案例式等教学方式，重点讲述内容包括：工程地质基础理论，矿物与岩性，储层沉积和成岩作用，地质构造与断裂特征，地应力分布，地层温压分布，以及地层孔隙结构与渗流特性等基本知识。针对钻井、完井、测量、油气生产与输运等相关的工程地质问题进行教学和讨论，拓宽研究生地质学视野，培养其考虑钻采地层地质特性解决工程问题的基本能力。

二、先修课程

高等数学、工程力学、构造地质学、钻井地质和储层地质等。

三、课程目标

培养研究生理解和掌握工程地质的内涵、特征及研究方法等，了解工程地质对石油与天然气工程设计控制的影响规律，培养学生在石油与天然气工程中应用工程地质学研究解决相关问题的基本能力。

四、适用对象

石油与天然气工程学科及相关专业的硕士研究生和博士研究生。

五、授课方式

本课程主要采用课堂理论授课、研讨式教学和案例式教学等教学方式相结合。

六、课程内容

（1）工程地质基础理论。

（2）地层矿物组分与岩石性质。

（3）储层沉积和成岩作用。

（4）地质构造与断裂特征。

（5）地应力分布及其评估方法。

（6）地层温度和压力分布及其评估方法。

（7）地层孔隙结构与渗流特性等。

七、考核要求

本课程考核主要包括：笔试成绩、研讨成绩和作业成绩。

考核标准：笔试成绩以试卷成绩为准；研讨成绩根据学生准备材料、讲述质量评分；作业成绩按照作业质量评定分数。

八、编写成员名单

李治平［中国地质大学（北京）］、陈剑［中国地质大学（北京）］、王夕宾［中国石油大学（华东）］。

第七节 《现代油气藏开发理论与技术》课程指南

一、课程概述

《现代油气藏开发理论与技术》是石油与天然气工程学科（特别是油气田开发工程方向）的研究生学位课程。本课程是在本科生专业课程《油藏工程》《采油工程》和《提高采收率基础》等课程基础上，通过课堂讲授、研讨式、案例式等教学方式，重点讲述常规及非常规油气藏开发特征、多相渗流理论与油数值模拟方法、油气工程理论与高效开发设计方法、最新生产理论与技术、储层压裂及增产改造技术、提高油气采收率科学理论及方法。针对常规及非常规油气藏开发、生产、储层改造和提高采收率技术应用和工程实际中的突出问题进行理论教学和讨论，拓宽学生视野，使学生了解石油与天然气工程学科前沿的开发理论和技术最新进展及发展趋势，培养学生在油气田开发领域创新研究和解决工程问题的能力，为研究生开展科学研究和论文撰写奠定坚实基础。

二、先修课程

油藏工程、采油工程、提高采收率基础、油层物理、渗流力学、油藏数值模拟和油田化学等。

三、课程目标

培养石油与天然气工程专业（特别是油气田开发工程方向）研究生掌

握常规及非常规油气田开发特征、渗流理论与数值模拟方法、油气藏工程理论与高效开发设计方法、特殊油气藏和复杂井型生产方式、现代化储层增产改造技术、提高油气采收率理论与技术，了解和掌握常规及非常规油气藏开发理论与技术、生产工艺与技术和提高采收率理论与方法的最新研究成果与发展趋势，培养学生从事原创性基础理论及新技术研究的意识和综合应用基础理论分析和解决复杂工程问题的能力。

四、适用对象

石油与天然气工程学科（特别是油气田开发工程方向）的硕士研究生和博士研究生，其他相关学科专业的研究生（选修）。

五、授课方式

主要采用课堂理论授课、研讨式教学和案例式教学等教学方式相结合。

六、课程内容

（1）常规及非常规油气田开发特征。

（2）常规及非常规油气渗流理论及油藏数值模拟方法。

（3）油气藏工程理论与高效开发设计方法。

（4）典型油气藏开发与高效开发设计实例。

（5）井筒—油藏一体化分析方法与应用。

（6）现代化油气增产改造技术。

（7）提高油气采收率理论与技术。

（8）提高采收率研究方法及实践。

七、考核要求

考核主要包括：笔试成绩、研讨成绩和作业成绩。

考核标准：笔试成绩以试卷成绩为准；研讨成绩根据学生准备材料、讲述质量评分；作业成绩按照作业质量评定分数。

八、编写成员名单

刘慧卿［中国石油大学（北京）］、程林松［中国石油大学（北京）］、姚军［中国石油大学（华东）］、何勇明（成都理工大学）。

第八节 《现代油气井工程理论与方法》课程指南

一、课程概述

《现代油气井工程理论与方法》是石油与天然气工程学科，特别是油气井工程方向的研究生学位课程。油气井是人类勘探与开发地下油气资源必不可少的物质和信息通道，油气井工程就是围绕油气井的工程设计、建设、钻井与完井、测量（MWD、录井、测井、试井等）及维护而实施的资金和技术密集型工程。本课程是在本科生专业课程《钻井工程》和《完井工程》等课程基础上，通过课堂讲授、研讨式、案例式等教学方式，以油气井的工程设计和建设（钻完井）为主，重点讨论现代钻井与油气井工程的基本理论和方法，具体内容涉及实钻地层的地质力学特性、油气井工程优化设计、钻井与完井等方面的先进理论和方法，为研究生从事有关研究和技术工作提供必要的理论方法基础。

二、先修课程

钻井工程、完井工程、工程力学和生产实习等。

三、课程目标

培养石油与天然气工程专业，特别是油气井工程方向的研究生通过本课程学习，了解现代钻井与油气井工程关键技术及其发展现状与趋势，深刻认识实钻地层地质力学特性及其评估方法，掌握复杂油气井工程设计控制的先进理论和方法等。培养学生从事创新性理论和技术研究的意识，锻炼学生综合应用基础理论分析和解决复杂工程问题的能力。

四、适用对象

石油与天然气工程学科（特别是油气井工程方向）的硕士研究生和博士研究生，其他相关学专业的研究生（选修）。

五、授课方式

主要采用课堂理论授课、研讨式教学和案例式教学等教学方式相结合。

六、课程内容

（1）现代油气井工程关键技术及其发展概况。

（2）现代油气井工程优化设计理论和方法。

（3）现代钻井关键技术（井眼稳定、轨迹控制、高效破岩等）理论基础。

（4）现代固井完井理论和方法。

（5）工程应用实例分析。

七、考核要求

考核主要包括：笔试成绩、研讨成绩和作业成绩。

考核标准：笔试成绩以试卷成绩为准；研讨成绩根据学生准备材料、讲述质量评分；作业成绩按照作业质量评定分数。

八、编写成员名单

高德利［中国石油大学（北京）］、卢渊（成都理工大学）。

第九节 《油气储运系统工程》课程指南

一、课程概述

《油气储运系统工程》是石油与天然气工程学科（特别是油气储运工程方向）的研究生学位课程。本课程在本科生专业课程《油气集输》《输油管道设计与管理》《输气管道设计与管理》《油气储存与装卸》和《城市燃气输配》的基础上，采用教师讲授与课堂研讨相结合的教学方式，以系统工程的理论与方法为主线，以工程应用为目的，着重培养学生运用系统思维解决油气储运领域中的工程实际问题的能力，主要内容包括大系统特性、系统分析与系统模型、系统控制模式、最优化方法、决策分析、排队论、系统可靠性等系统工程理论与方法及其在油气储运工程中的应用。

二、先修课程

油气集输、输油管道设计与管理、输气管道设计与管理、油气储存与装卸和城市燃气输配等。

三、课程目标

培养石油与天然气工程专业（特别是油气储运工程方向）的研究生的系统思维意识及综合用系统工程和油气储运工程的理论与方法解决油气储运领域工程实际问题的能力。

四、适用对象

石油与天然气工程学科（特别是油气储运工程方向）的硕士研究生和博士研究生，其他相关学科专业的研究生（选修）。

五、授课方式

教师讲授与课堂研讨相结合。

六、课程内容

（1）系统科学与系统工程概述。

（2）大系统特性、系统分析与系统模型。

（3）最优化方法及其在油气储运工程中的应用。

（4）决策分析及其在油气储运工程中的应用。

（5）排队论及其在油气储运工程中的应用。

（6）系统可靠性及其在油气储运工程中的应用。

（7）系统控制论及其在油气储运工程中的应用。

七、考核要求

考核主要包括：笔试成绩、研讨成绩和作业成绩。

考核标准：笔试成绩以试卷成绩为准；研讨成绩根据学生准备材料、讲述质量评分；作业成绩按照作业质量评定分数。

八、编写成员名单

吴长春［中国石油大学（北京）］、陈星杙（成都理工大学）。

第十节 《油气田开发工程科技进展》课程指南

一、课程概述

《油气田开发工程科技进展》是石油与天然气工程学科（特别是油气田开发工程方向）的一门研究生（包括博士研究生和硕士研究生）必修专业课。本课程重点讨论油气田开发学科发展的基本现状、最新成果、前沿动态及未来趋势等，分别就油气田开发工程的发展现状与趋势、理论与关键技术、非常规油气开发等方面的最新研究成果进行讲授和讨论。通过本课程培养和锻炼研究生逻辑思维能力、解决实际问题的能力和创新能力，为研究生开展科研工作、今后工作发展提供重要基础。

二、先修课程

采油工程、油藏工程、渗流力学、油层物理和提高采收率原理等。

三、课程目标

通过本课程的学习，帮助研究生了解油气田开发学科的主要方向及其基本特点、研究内容、研究现状及发展趋势，深刻理解油气田开发的基本原理与方法，较好地理解和掌握油气田开发理论与关键技术的最新研究成果，为硕士、博士研究生从事学位论文研究及其他相关研究奠定良好的专业技术基础。

四、适用对象

石油与天然气工程学科（特别是油气田开发工程方向）的硕士研究生和博士研究生，其他相关学科的研究生（选修）。

五、授课方式

采用讲授、研讨及案例等诸多教学方式相结合的授课方式。

六、课程内容

（1）油气田开发科技发展概况与创新需求。
（2）低渗致密油气藏开发理论与技术进展。
（3）特高含水油藏开发理论与技术进展。
（4）复杂多重介质油藏开发理论与技术进展。
（5）非常规油气藏开发理论与技术进展。
（6）稠油油藏开发理论与技术进展。
（7）复杂及非常规油气藏增产改造技术研究进展。
（8）复杂及非常规油气藏试井理论与技术研究进展。
（9）特殊油气藏举升理论与技术进展。
（10）油气田开发工程人工智能与大数据应用进展。
（11）复杂及非常规油气藏提高采收率技术进展。

七、考核要求

考核主要包括：笔试成绩、研讨成绩和作业成绩。

考核标准：笔试成绩以试卷成绩为准；研讨成绩根据学生准备材料、讲述质量评分；作业成绩按照作业质量评定分数。

八、编写成员名单

马新仿［中国石油大学（北京）］、王敬［中国石油大学（北京）］、苏玉亮［中国石油大学（华东）］、闫长辉（成都理工大学）。

第十一节 《油气储运工程科技进展》课程指南

一、课程概述

《油气储运工程科技进展》是石油与天然气工程学科（特别是油气储运工程方向）的一门研究生（包括博士研究生和硕士研究生）必修专业课。本课程以讲座、研讨和案例分析等形式针对石油天然气管道输送、油气水多相混输、油气集输与处理、油气储存、液化天然气储运、储运系统安全、油气储运工程施工以及管网智能化技术等储运关键问题，重点介绍领域理论、新技术研发与应用的进展及发展趋势。通过本课程的学习，使学生对油气储运工程领域理论、技术和研究方法的新发展有较为全面和系统的了解，为学生开展科研工作奠定基础。

二、先修课程

输油管道设计与管理、输气管道设计与管理、油气储存与装卸、油气集输、城市燃气输配和油气储运工程经济学等。

三、课程目标

通过介绍油气储运工程各主要领域的新技术研发与应用的进展和发展趋势，具体包括：石油天然气管道输送、油气水多相混输、油气集输与处理、油气储存、液化天然气储运、储运系统安全、油气储运工程施工以及管网智能化技术等，使学生对油气储运工程领域理论、技术和研究方面的新发展有较全面系统的了解，为硕士研究生、博士研究生从事学位论文研究及其他相关研究奠定良好的专业技术基础。

四、适用对象

石油与天然气工程学科（特别是油气储运工程方向）的硕士研究生和博士研究生，其他相关学科的研究生（选修）。

五、授课方式

采用讲授、研讨及案例等诸多教学方式相结合的授课方式。

六、课程内容

（1）油气储运业整体发展概况。
（2）管道输送技术。
（3）油气水多相混输技术。
（4）油气集输与处理技术。
（5）油气储存技术。
（6）液化天然气储运技术。
（7）油气储运工程施工技术。
（8）油气储运系统完整性、可靠性与安全性。
（9）管网智能化技术。

七、考核要求

考核主要包括：笔试成绩、研讨成绩和作业成绩。

考核标准：笔试成绩以试卷成绩为准；研讨成绩根据学生准备材料、讲述质量评分；作业成绩按照作业质量评定分数。

八、编写成员名单

张劲军［中国石油大学（北京）］、宫敬［中国石油大学（北京）］、何利民［中国石油大学（华东）］。

第十二节 《人工智能与油气工程》课程指南

一、课程概述

智能化油气田是未来发展的方向，是实现油气田高效开发与管理的有效手段。《人工智能与油气工程》是石油与天然气工程学科的一门研究生

（包括博士研究生和硕士研究生）必修专业课。本课程通过课堂讲授、研讨式、案例式等教学方式，重点讲述大数据与人工智能的基础理论、方法和技术，并结合钻井工程、采油工程、油藏工程和油气储运工程中的实际工程问题进行典型应用，最后对大数据与人工智能的前沿知识进行拓展，充分反映大数据与人工智能背景下油气田有效开发和输运理论研究和设计应用。通过本课程培养和锻炼研究生在油气田开发领域中应用大数据与人工智能理论及方法分析和解决复杂问题的能力，培养知识创新和技术创新能力。

二、先修课程

渗流力学、油藏数值模拟、钻井工程、采油工程、油藏工程、最优化原理、人工神经网络、机器学习、油气集输、油库设计与管理、油气储运工程最优化和石油工程大数据等。

三、课程目标

适应全球智能化油田建设的迫切需要，学习大数据与人工智能的基础理论、方法和技术，掌握油气田开发大数据与人工智能系统理论和方法，锻炼逻辑思维能力、知识创新和技术创新的能力，具有结合智能化油田建设实际以及大数据与人工智能的发展趋势提出问题和解决问题的能力以及创新精神和国际视野，并能在智能化油田及其相关行业从事工程设计与施工、科技开发、生产运行和经营管理等工作的高素质专门人才和未来的行业领军人物。

四、适用对象

石油与天然气工程学科的硕士研究生和博士研究生，其他相关学科专业的研究生（选修）。

五、授课方式

主要采用课堂讲授、研讨式教学、案例式教学、智能油田仿真软件实验等相结合的教学方式。

六、课程内容

（1）智能化油气田的特点及意义。

（2）大数据与人工智能的理论基础。

（3）钻井工程大数据与人工智能理论及方法。

（4）采油工程大数据与人工智能理论及方法。

（5）油气储运工程大数据与人工智能理论及方法。

七、考核要求

考核主要包括笔试成绩、研讨成绩、作业成绩和实验成绩。

考核标准：笔试成绩以试卷成绩为准；研讨成绩根据学生准备材料、讲述质量评分；作业与实验成绩按照质量评定分数。

八、编写成员名单

张凯［中国石油大学（华东）］、檀朝东［中国石油大学（北京）］。

第五章

石油与天然气工程专业学位研究生课程案例库建设

石油与天然气工程硕士专业学位研究生课程教学案例库建设，以服务国家能源战略重大需求和经济社会发展需求为导向，贯彻以提升职业能力为导向、以实践创新能力培养为核心的培养理念，坚持“特色引领、实践为重、产学结合、协同发展”，凝练培养方向，突出石油与天然气工程专业特色；与各油田生产单位及相关科研院所密切合作，采用问题导向的工程师培养思路，以工程创新能力为主线，理论基础和实践能力培养优化组合并融通贯穿整个培养过程，创新应用型人才培养模式，突出人才培养的综合性、创新性、职业性、国际化，提高专业学位研究生教育质量，构建布局合理、结构优化、类型多样、适应石油石化工业发展需要的、具有中国特色的现代专业学位研究生教育体系。积极推动科研成果的转化和应用，并在此基础上优化培养环节，提高工程复合应用型人才的培养质量。在课程体系中不仅强调学生的基础理论培养，而且突出学生工程实践能力的提高，在学术型课程的基础上增加更贴近现场实际的案例教学，其内容涵盖石油地质、钻井、开发工程和工艺等各个环节。从而进一步提高学生的综合实践能力，在培养学生创新能力的同时提高学生解决实际问题的能力、团队协作能力和就业能力等综合能力。

第一节　专业学位课程案例建设背景

2009 年 3 月，教育部发布《教育部关于做好全日制硕士专业学位研究生培养工作的若干意见》（教研〔2009〕1 号），明确了开展全日制硕士专业研究生教育在培养高层次应用型专门人才、学位与研究生教育改革与发展，以及进一步完善专业学位教育制度方面的重要性。随后，教育部又相继发布了《教育部　人力资源社会保障部关于深入推进专业学位研究生培养模式改革的意见》（教研〔2013〕3号）和《教育部关于加强专业学位研究生案例教学和联合培养基地建设的意见》（教研〔2015〕1号），要求培养单位积极组织有关授课教师在准确把握案例教学实质和基本要求的基础上，致力于案例编写；并将编写教学案例与基于案例的科学研究相结合，开发和形成一批基于真实情境、符合案例教学要求、与国际接轨的高质量教学案例。在学位与研究生教育发展“十三五”规划中，案例教学成为重大建设项目之一，要求“开展案例教学，整合案例资源，完善信息化支撑平台，建设专业学位案例库和教学案例推广中心，逐步建立起具有中国特色、与国际接轨的案例教学体系”。可见，案例库建设以及案例教学是有效提高学生工程应用能力、适应国家专业学位研究生教育要求、推进教育改革的重要手段。

石油与天然气工程硕士专业学位是与石油与天然气行业相关任职资格相联系的工程专业学位。实际工作中要求高层次从业人员必须具备扎实的专业功底，能够熟练掌握油气田开发工程、油气井工程、油气储运工程和海洋油气工程相关知识及相关研究开发技能。传统的研究生教学模式偏重于学生理论知识的积累，虽能培养出具备扎实自然科学知识基础的人才，但学生普遍工程应用能力不强。因此，需建立教学案例库，探索教学改革方案，形成切实可行的案例教学模式，满足不同交通运输方式知识、技能培养要求，加快培养石油与天然气工程专业人才。

一、国内外案例库建设情况

1. 国外案例库建设情况

案例教学是国内外教学改革最常用的手段之一，而高质量的案例库建设则是保证良好案例教学效果的重要条件。案例教学法最早出现于1910年美国哈佛大学法学院和医学院的教学中；20世纪初，案例教学开始被运用于商业和企业管理学，其内容、方法和经验日趋丰富和完善。在案例库建设方面，美国各高校商学院具有较成熟和丰富的成果，主要体现在以下4个方面。

（1）案例库中案例数目庞大。各高校商学院均拥有独立案例库，并且数量庞大、内容丰富，涉及不同行业、企业等管理领域，如哈佛大学的案例库中有800多个案例。

（2）案例库更新及时，更新率高。各高校商学院对案例库进行持续更新，每年案例更新率达到30%。

（3）案例内容取材真实可靠，实践性强。案例库中内容基本来自案例教学教师长期跟踪、调研特定行业、企业的成果。例如美国加利福尼亚州波莫纳理工大学管理学院的“战略管理”课程，其案例教学教师曾长期在企业从事管理工作，具有丰富的企业战略管理实践经验，并且通过持续对行业、企业进行跟踪研究，提取案例素材，从而保证课程所使用案例的现实性和前沿性。

（4）教学辅助及硬件支持条件优越。美国各高校商学院的案例教学具有完善的教学辅助支持体系，其教学辅助人员众多，并能够提供诸如专业化的案例教学信息平台以及案例教学流程化管理的服务。同时，学院会为案例教学提供强有力的资金支持，如建设案例讨论教室、学生小组讨论中心等，同时也为案例开发教师提供相当数量的案例开发资金等。在案例教学的成功推广方面，除借助以上优势外，美国各高校也十分注重对新教师案例教学能力的培养。通常，新教师在教学过程中都会有相关经验丰富的教师随堂听课，并在课后与新教师就课前准备、课堂讨论以及课后总结等方面给予详细的建议和指导。教学资料实现充分共享，任何一个教师都可以参阅其他教师的教学资料，并可以就其中的问题向其他教师咨询改进教学效果的方法。这一新教师培养机制确保了高校在研究生案例教学中具有数量充足的教师资源，并且这一资源还将在教学实践中不断充实。

2. 国内案例库建设情况

在国内，案例教学因其具备“可视化、多元化、交互性强”的优点，已得到越来越多学校和教师的关注，并被列入各高校的教学改革计划，尤其是在一些法律、工商管理类专业已经得到广泛应用。相比于经济、管理类专业，工程类专业的案例教学起步较晚，直到近几年，才有一些教师开始将案例教学运用到工程类专业教学中去。目前，专业学位案例教学资源库建设，相对于其招生规模的迅速扩大、案例教学改革发展、人才培养质量提高的迫切需要来说，明显滞后。

当前专业学位研究生课程案例库的建设存在如下问题：

（1）案例编写零散化，缺乏统一规范和评价标准。

在专业硕士课程教学中，尽管有些教师已经开始尝试开展案例教学，甚至构建和开发了一些实践教学内容，但其使用的教学案例却往往处于零散状态，缺乏系统化的组织和标准化评价。这些案例一般均由任课教师基于个人工程项目和教学经验进行开发和制作，较少由学科团队或专门的开发团队来组织制作，因此往往会因为缺乏制作条件和评价标准而导致案例质量不高，同时这类案例的更新频率也较低。案例编写零散化和缺乏统一规范和评价标准必然导致较难建立统一、可读性强的案例资源库，也容易出现案例质量层次参差不齐、原创性案例数量偏少、案例分析深度不够、案例内容不完全等问题。

（2）案例来源渠道较窄，案例库建设难度较高。

目前专业学位研究生课程教学中所使用的案例主要有两种类型：一是改编类案例，主要由任课教师根据媒体上公开发表的资料和相关信息，按照一定的教学目的，对其进行组织和加工而成；二是采编类案例，这一类型案例一般需要由任课教师亲自参与企业的生产实践或者去实地调研、访谈，结合应用背景和相关资料编写而成。由于采编类案例涉及企业层面，需要高校或者任课教师与企业之间开展沟通协调，获得使用权；但大多数企业对于案例采编的认可度不高，不愿意将有关信息和问题公之于众，因此给案例采编造成了很大难度。同时，由于高校目前一般尚未建立配套的案例采编激励机制和案例知识产权保护机制，任课教师开展案例编制的积极性也不高，这也在一定程度上阻碍了案例库的建设工作。

（3）案例共享平台使用度不高，案例共享性较差。

相比于国外案例库建设中配套的优质辅助团队和硬件条件，国内相关管理体系和管理流程尚未形成体系。由于案例教学在近几年才广泛受到关

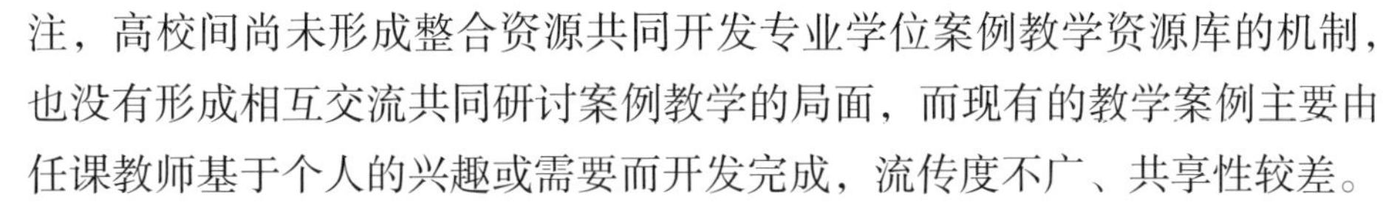

注，高校间尚未形成整合资源共同开发专业学位案例教学资源库的机制，也没有形成相互交流共同研讨案例教学的局面，而现有的教学案例主要由任课教师基于个人的兴趣或需要而开发完成，流传度不广、共享性较差。

（4）案例库资源推广力度弱，案例使用率低。

在专业学位研究生的培养工作中，案例教学法虽然得到了普遍的认同，但由于现有案例库资源普及推广力度较弱，案例质量参差不齐，导致案例使用率低。并且由于缺乏明确的基本要求和统一规范，在研究生课程教学中，任课教师是否采用案例教学完全靠自己的兴趣与爱好，案例编制与采集也主要是个人行为，即使有个别专业领域开发或购买了规范化的案例库，这些案例资源库的使用率往往也比较低。同时，各高校以及各专业领域间缺乏有效的沟通与合作，没有建立开放性的案例资源库共享平台也进一步加剧了这种状况。

二、石油与天然气工程专业学位课程案例库建设情况

目前在石油与天然气工程专业学位课程教学中，成熟、实用的专业案例库尚未形成。调查表明，在开设相关专业的高校中，研究生培养大多数仍以传统教学授课方式为主，相对而言案例教学没有得到足够重视。

石油与天然气工程专业学位课程案例库建设问题总结如下：

（1）现有教学案例实践性不强，很多案例并非完全来自实际工程。

石油与天然气工程专业学位课程教学中所应用的案例主要有三个来源：一是相关教材中提供的案例，这类案例的主要特点是数量少、更新慢、重在辅助理论知识体系的构建，与实际联系不足、针对性不强，并且案例作用的发挥受任课教师因素影响较大，较难与学生产生互动；二是来源于任课教师组织的案例，这类案例的特点是使用灵活，与教学过程结合紧密，同时，这类案例的素材来源、展现形式、分析深度与更新速度等与任课教师的工程经历、实践经验以及掌握的原始资料等诸多因素有关，没有形成成熟的模式；三是来源于社会公众的案例，这类案例的特点是简单易懂，但其普及专业知识的目的性强、专业背景较弱，不适用研究生教学。以上大多数案例都存在与实际联系不够紧密、更新速度慢、与教学知

识点脱节等问题，难以满足专业学位研究生的培养要求。

（2）案例教学方式体现不够，传统教学方式色彩浓厚。

传统教学以教师讲授方式为主，即使授课过程中穿插教学案例，也多采用“教师讲授、学生接受”的被动教学方法，学生接受程度不高。其次，传统教学的优势是学生理论基础牢固，案例教学的目标是提高学生实践能力，如何将二者有机结合，一方面应用案例强化拓展知识点教学，另一方面利用传统教学知识点辅助学生理解工程问题解决过程，是推广案例教学要解决的重要问题之一。目前，针对案例教学方式的研究，以及案例教学和传统教学结合方法的研究还很欠缺。

（3）案例教学评估、考核机制尚未形成。

传统教学考核方式以课程考试和提交课程报告等形式为主，案例教学因其教学方式尚未成熟，现有考核方式基本与传统教学考核方式一致。但因案例教学培养方法和培养目标与传统教学不同，应具备独立的教学评估和考核机制。

三、石油与天然气工程专业学位研究生课程案例库建设需求

石油与天然气工程专业学位研究生学位获得者应成为石油与天然气行业思想政治正确、具有高度社会责任感、理论方法扎实、技术应用过硬、素质全面的应用型、复合型、高层次工程技术和工程管理人才。根据国内外教学经验，案例教学因其具备“可视化、多元化、交互性强”的优点，在培养学生创造性、提高学生分析问题和沟通交流能力、提高学生实践能力方面具有很大优势。为达到专业学位研究生培养目标要求，各培养单位需要建设知识体系完整、与工程实际紧密结合的适用于专业学位研究生培养的课程体系，重视并充分发挥案例教学优势。石油与天然气工程专业研究生案例教学建设可从以下方面展开。

1. 专业型研究生课程与学术型研究生课程教学内容区别化设置

在目前的硕士学位培养中，大多数培养单位的专业学位研究生课程与学术学位研究生课程教学内容差别不大，但由于二者培养目标不同，同样的教学内容并不能满足专业学位硕士的培养要求。专业学位硕士培养更加

强调学生的实践能力，需要学生能够将理论知识灵活运用于工程项目中，因此需要将专收学位课程与学术学位课程教学内容区别化。依据课程培养目标，优化课程大纲，除介绍基础理论知识之外，需更加强调工程应用层面知识，从而提高学生工程应用能力。

2. 专业学位研究生课程教学形式多样化

当前研究生课程教学模式多以教师按多媒体课件进行讲授为主，这种学生被动接受知识的方法并不完全适用于专业学位培养模式，专业学位要求培养更多创新型应用人才。因此，应加强专业学位课程多样化建设，增加学生参与度高、互动性强的教学形式（案例教学、实践教学等）。其中，教师应加强对案例教学的重视程度，优质的案例教学材料不仅能为学生提供真实可靠的实际工程项目背景材料，还能将教材中知识点与工程问题处理方法有机结合，让学生充分掌握解决工程问题的思考方法，获得灵活运用理论知识的能力。另外，应深入研究案例教学方式以及案例教学和传统教学相结合的教学方法。

3. 专业学位案例库建设标准化

优质的案例资源是充分发挥案例教学作用的有效保障。在进行课程建设时，为构建高质量的教学案例库，需统一案例撰写标准和评价准则。在案例内容选择方面，满足“新、实、活”原则，即案例材料新颖、取材真实可靠、展示方式灵活，从实际工程案例中直接选取或改编成适用于教学的案例，以弥补现有案例实践性不强的缺陷；在进行案例撰写时，要充分将理论知识与工程实例内容融合，做到知识点与工程实践方法对应，并且每个案例要配备对应的案例说明书，用于辅助教师教学；在进行案例评价时，要从案例内容、案例中知识点与实践内容的结合等多个方面进行评价。

4. 建立案例教学评估和考核机制

提出针对案例教学的教学评估和考核机制。从案例教学课时数、案例取材、案例中实践与知识点的结合紧密度、学生接受度和满意度等多方面进行案例教学评估，从而加强教师对案例教学的重视，并促进案例教学的改进。同时，针对案例教学制定更灵活的考核方式，考核学生对案例的掌握程度，可从以下三个方面考查：

（1）自学能力考查：根据所提供资料学习专业知识的能力；

（2）综合运用知识，解决工程问题能力的考查：根据提供的工程实例素材，进行分析、评价及改善对策制定的能力；

（3）发现问题、解决问题能力的考查：在现实生活中，发现问题、分析产生原因、提出改善对策的能力。

5. 案例教学配套资源匹配化

构建专用的案例库共享平台，并定期进行案例维护；加大对教师编写高质量案例的鼓励措施，提供优质资源；加强对教师案例教学能力的培养。

第二节　课程案例制作方法

石油与天然气工程专业学位的主要研究方向，为适应时代发展需求、拓展石油与天然气工程相关知识，在石油与天然气工程专业学位的人才培养中需要逐步建立案例库，并大力推进相应的教学方法。

一、案例内容选取

案例选取应把握体现知识、突出技能两个重点，宜做到“六点五结合”。六点包括“知识重点、研发焦点、应用热点、工程热点、教学难点、能力弱点”，五结合分别为“理论知识与工程实践结合、案例素材与教学体系结合、表现形式与内容主题结合、案例应用与教学过程结合、提前准备与讲授讨论结合”。具体表现为案例必须为真实存在的、已实施并取得一定成果的工程实例；案例能够在工程领域中具有一定的代表性，能够反映工程领域主要的理论知识或关键问题；案例内容符合当前工程领域的实际情况以及未来发展的方向；案例的选材和内容应该具有一定的创新性，代表工程领域的理论和实践前沿，需要与教学内容和知识点紧密结合，符合授课要求，易于启发学生独立解决工程问题。

以具有代表性的《石油工程岩石力学》课程为例，该课程旨在培养学生运用石油与天然气工程相关专业课程的基本知识、简化问题成简单力学模型并解决实际问题的能力。目前油田产量递减迅速、易发生套损等问题，从工程实例出发可引导学生兴趣、快速调动学生积极性，但案例建设内容必须与教学知识点和教学安排紧密结合。从石油与天然气工程应用角度来说，从事储层压裂设计、储层评价等工作的从业人员，必须运用石油工程岩石力学基本知识明确目标层位岩石的相关力学性质，从而提高固井、压裂等的安全性和有效性。

二、案例制作过程

石油与天然气工程专业学位研究生课程案例有视频案例、文字案例等不同形式，同时应编写案例教学指导书，为进行案例教学（尤其是视频案例教学）的授课教师提供必要说明和教学帮助。

1. 视频案例制作

视频案例制作过程主要包括六个步骤，分别为：工程实例材料筛选，结合案例内容、教学重点，从实际工程项目中选取典型案例素材；补充调查，结合教学要求补充案例内容；制作视频，根据教学过程要求录制视频；撰写文本，完成教学设计要求文本；专家咨询，邀请开展专家案例建设研讨；教学试用，通过小班试用案例教学来完善案例制作成果。

案例具体制作过程介绍如下：

（1）工程实例材料筛选。

基于课程案例研究中确定的案例内容，在教师承担的工程研究项目和企业专家承担的工程设计项目中筛选材料。

案例的材料筛选，考虑“六点五结合”的案例选取要求，从实际工程项目中选取、收集视频、照片、工程数据等材料。以《石油工程岩石力学》课程案例为例，选取了由某高校科研项目中的基础力学实验作为案例建设材料库，收集视频、照片、工程数据等材料。

（2）补充调查。

已完成的工程成果（图纸、报告等资料）往往不能直接满足案例教学的要求，因此需要开展补充调查来获取一些缺失、不足的内容，如案例背景介绍、情况说明、工作环境与技术流程的介绍等。

需要注意的是，除工程数据外，案例背景介绍、情况说明等是视频案例中不容忽视的一部分。这部分内容不仅有助于教师在教学时让学生很好地理解案例背景，也能在授课时更快地将学生带入工程实景。

（3）视频案例制作。

① 知识点分解。

制定视频案例脚本是完成视频制作的首要步骤，知识点分解及工程实例融合又是撰写视频案例脚本的关键。以某高校《石油工程岩石力学》课程为例，主讲教师准备了中文、英文相关字幕，方便学生交流学习及课后讨论。

② 视频展示。

从展示方式角度来说，视频案例可选用实地调查所拍摄的短片和照片、利用 Auto CAD 绘制的交叉口和路段等示意图，以及符合教学内容的动画等进行展示。

在展示同时可结合简单而突出重点的动画效果，突出重要知识点。视频画面可全程配备专业人员配音，对需要着重讲解的知识点以结合图片和文字或表格方式列出，力求在视觉效果良好的基础上做到简洁、清晰、易懂。从具体展示内容的角度来说，应符合教学的逻辑性，易于学生接受。

2. 文本案例编写

文本案例的内容与视频案例类似，表现方法上则更多地依托于图片、图纸文字说明相结合的方法。

文本形式虽然不如视频案例生动直观，但说明问题的条理更为清晰，且能够在课堂教学之前让学生快速熟悉案例内容，在整个教学过程中发挥不可替代的作用。

3. 教学指导书编写

案例教学指导书即案例的“使用说明书”，可以为实施案例教学（尤其是视频案例教学）的授课教师提供必要说明和教学帮助。

教学指导书应包括以下四部分：

（1）教学目标。帮助授课教师，尤其是新教师了解教学重点和对学生的教学要求。

（2）案例讨论准备工作。该部分主要提供案例理论背景要求、主要设计依据及法规政策清单、项目概况、课前思考题等内容，用于帮助授课教师明确在进行案例教学前学生应掌握或了解的知识点。

（3）案例分析要点。帮助授课教师明确案例教学重点。

（4）教学组织方式。该部分为教学指导书的核心内容，包括案例引入、课时分配、讲授方式、讨论总结、考核方式五部分。

案例引入应给出案例教学的切入点，如问题切入法、知识点切入法、政策法规切入法等，为授课教师提供可参考的课程安排思路；课时分配中应给出推荐的课时安排和知识点讲解时间分配，帮助授课教师提前了解授课时间，进行时间分配；讲授方式中应针对各案例的不同结构、不同内容，给出建议的讲授方式，包括“视频案例展示”与教师讲授相结合、“情景模拟法”与“启发式”相结合、“小组讨论法”与教师讲授相结合等；课堂讨论总结部分，需要给出教学中需重点强调的结论或需要注意的内容；考核方式部分则需要给出推荐的案例教学考核方式或相关知识点考核方法。

视频案例及案例教学指导书开发者，作为案例相关素材的第一手拥有者，应充分利用工程项目资料、教学试用反馈，完善推荐教学内容和教学方式，使视频案例教学指导书易于试用、便于推广，充分服务于案例教学中。

三、案例试用完善

案例试用完善主要从教学试用和专家咨询两个方面进行。

1. 教学试用

案例撰写、拍摄制作完成后进行案例教学试用。试用内容主要包括教学辅助性、学生接受度、学生反馈等方面。试用完成后根据教学效果与学生反馈，完善案例成果、改进案例教学，从而为后续案例建设提供参考。

2. 专家咨询

案例编写单位邀请具有一定案例教学经验的专家学者和行业技术及管理人员，进行案例咨询和评审，从工程角度完善案例成果。

第三节　课程教学案例视频制作规范

一、教学案例视频的范围

（1）以记录案例教学授课过程为主的案例教学示范视频；

（2）以介绍实际工程案例为主的视频案例；

（3）以还原案例开发、编写的过程为内容的案例开发示范视频；

（4）除以上三种情况外，其他与教学案例及案例教学工作相关的视频。

二、教学案例视频呈现的内容要求

1. 案例内容要求

（1）案例的选择应该紧扣课程知识点；

（2）案例内容应以工程案例为依据，紧密结合课程知识点；

（3）通过案例内容，引导学生发现、思考和提出解决问题的建议方案。

2. 视频拍摄要求

（1）案例视频应较之文字内容有更强的可视性，易于学生了解工程场景，理解课程知识点与工程实际的联系；

（2）案例视频应反映教师的教学思想、设计思路、教学特色和教师风貌；

（3）案例视频片头应展示课程名称、案例名称、教师姓名、录制时间等必要信息；

（4）案例视频的图像清晰稳定、构图合理、声音清楚。

三、教学案例视频拍摄的相关标准及要求

教师自行选择以下两种方式进行视频拍摄。

1. 教师自行录制

（1）视频格式：RMVB、MP4、3GP、AVI 等常用格式；

（2）拍摄工具：手机、小型摄像机均可；

（3）视频长度：视频案例 5～30min，案例教学视频 15～60min，依拍摄内容而定；

（4）图像 / 声音：图像不偏色，不过亮 / 过暗，人、物移动时无拖影耀光现象，声音和画面同步，无明显失真，无明显噪声、回声或其他杂音，无音量忽大忽小现象，解说声与现场声无明显比例失调。

2. 教师邀请拍摄团队录制

（1）团队人数：五人以上的拍摄和制作团队，拍摄团队包括编导、摄像、摄助、服装 / 化妆、灯光、场务等，制作团队包括：剪辑、调色、后期包装、美工、录音等；

（2）摄影器材：摄像机、灯光设备、导播台及录音设备；

（3）编导：对整体风格和画面镜头有较强的掌控能力，在案例教学视频拍摄文案方面有较强的文字撰写功底，能够有效地组织协调整个摄制组在各个技术环节的工作；

（4）摄影、摄助：能够熟练操作各类摄影器材，在镜头语音方面有一定的创作能力，有效的帮助编导对视频整体画面风格进行把握；

（5）灯光：对影视照明基本原理熟练掌握，对画面语言有独立的认识；

（6）录音：前期课堂声音的录制及音视频素材管理；

（7）服装、场务：提供老师的穿着建议，满足当天老师的化妆需求，场务需配合编导及摄影师的工作；

（8）剪辑：熟练使用各种非线性剪辑软件，协助编导完成视频的细节调整；

（9）调色：针对视频调整舒适、适合教学环境的色调；

（10）录音：前期课堂声音的录制及音视频素材管理；

（11）包装、美工：熟练使用 AE、3DMAX 等包装软件，为影片完成特技制作和包装；

（12）拍摄机位：依拍摄环境，四台及以上；

（13）灯光：六台 LED CE-1500WS；

（14）画面大小：1920×1080 像素；

（15）画面质量：1600～5000kbps；

（16）视频格式：MP4、MOV、MPEG2；

（17）视频时长：视频案例 5～30min，案例教学视频 15～60min，依拍摄内容而定；

（18）视频帧速率：每秒 25 帧；

（19）中国视频制式：PAL 制。

四、案例教学指导书

视频案例必须配备相对应的案例教学指导书。案例教学指导书是用来向使用此案例于教学的教师提供视频中未提及的背景信息及注意事项的文件，并无权威的约束力，仅供教师备课时参考。

案例教学指导书主要包括下列项目：

（1）本案例需要解决的关键问题，即通过案例讨论要实现的教学目标；

（2）案例讨论的准备工作，即需要学生事先掌握的背景材料，包括理论背景、行业背景、制度背景等；

（3）案例分析要点，即通过案例分析要解决的知识点。

① 需要学生识别的关键问题；

② 根据案例相关的知识点提出解决问题的可供选择方案，并评价这些方案的利弊得失；

③ 推荐解决问题的方案及具体措施。

（4）教学组织方式，即为了对在课堂上如何就这一特定案例进行组织引导提出建议。

① 问题清单及提问顺序、资料发放顺序；

② 课时分配（时间安排）；

③ 讨论方式（情景模拟、小组式、辩论式等）；

④ 课堂讨论总结。

第四节　课程教学文字案例制作规范

一、内容规范

1. 案例

工程教学案例的组成部分包括标题、正文、结尾和其他材料。

（1）案例标题。

案例的标题应当采用中性的词语，主要目的是提供给案例使用者分析问题的素材。可以采用素描型和问题提示型两类。素描型题目，没有任何的感情色彩，使人无法窥探到案例的真实目的，通常采用案例中的企业或者单位的名称作为标题。问题提示型题目，在客观的基础上，稍微透露案例的基本信息，如这是一个什么性质的，发生在哪里，什么时间发生的什么事件等等，便于读者从题目上想到事件的梗概。

（2）案例正文。

案例正文的首段应当点明地点、时间、单位、主要决策者、关键问题，以便使用者对案例形成初步的整体印象。首段之后的案例正文应当根据需要分节，每节可配以小标题，以便层次分明。正文是案例的主体。主要是介绍所涉及机构的基本情况及背景等，具体究竟交代哪些方面的情况，视案例的目的和教学的需要而定。背景资料应当剪裁适度，恰到好处。在正文部分，除了将有关情况交代清楚以外，要注意情节的生动性描写，制造一些发展高潮，以加深印象，引起使用者的浓厚兴趣。

（3）案例结尾。案例的结尾是对正文精辟的总结。可以采用启发式的思考题作为结尾。

（4）其他材料。作为完整的可供教学使用的案例，还主要包括以下几点要素：

① 脚注。对正文中某些技术问题、公式、历史情况等的注释，常以小号字附于有关内容同页的下端，以横线与正文断开。

② 图表。在必要的情况下，图表可插置到正文相关位置，但为了版面简洁，应把图表布置在专页或篇尾。所有的图表都应编号，设标题，加必要的说明；而正文中与图表相联系处，则应用括号注明“请参阅附图 X”。

③ 附录。它的作用跟脚注基本一样，只是由于内容较多、较长，不宜插附于正文之中。除非案例本身的主题就是属于技术性较强的专业范围，否则过多的技术性细节描述就不宜插于正文内，从而放入附录，以备分析者必要时参考之用。

④ 参考文献。

总之，案例的编写方法并不一定是按固定的格式编写的。无论怎样去组织素材编写案例，都应达到这样的目的：案例描述的情节能使人进入“角色”——某事件领导者的角色，进入“现场”——案例提供的特写情景，面临“问题”——描述介绍，深层隐含，作决策分析，从中掌握到足够的知识和提高学习使用者的能力。

2. 案例教学指导书

文字案例必须配备相应的案例教学指导书。案例教学指导书是用来向使用此案例于教学的教师提供案例正文中未提及的背景信息及注意事项的文件，并无权威的约束力，仅供教师备课时参考。

案例指导书主要包括下列项目：

（1）本案例需要解决的关键问题，即通过案例讨论要实现的教学目标。

（2）案例讨论的准备工作，即需要学生事先掌握的背景材料，包括理论背景、行业背景、制度背景等。

（3）案例分析要点，即通过案例分析要解决的知识点。

① 需要学生识别的关键问题；

② 根据案例相关的知识点提出解决问题的可供选择方案，并评价这些方案的利弊得失；

③ 推荐解决问题的方案及具体措施。

（4）教学组织方式，即为了对在课堂上如何就这一特定案例进行组织引导提出建议。

① 问题清单及提问顺序、资料发放顺序；

② 课时分配（时间安排）；

③ 讨论方式（情景模拟、小组式、辩论式等）；

④ 课堂讨论总结。

二、格式规范

中文采用宋体简化汉字，英文和阿拉伯数字均应采用 Times New Roman 字体。标题：左对齐顶格，黑体小四号；相应内容：缩进对齐，宋体小四号。

1. 案例格式

（1）案例题目：居中，宋体三号加粗。段落间距：段前空两行，段后空一行一级标题：左起空两字符，宋体小三号加粗。段落间距：段前空一行，段后空 0.5 行。二级标题：左起空两字符，宋体四号加粗。段落间距：段前空 0.5 行，段后空 0 行。正文：除图题、表题之外，均采用小四号。

（2）标题：一、二、三；（一）（二）（三）；1、2、3；（1）（2）（3）。

（3）图表：一律用阿拉伯数字分章连续编号，如图 1−3、表 2−1。图题和表题采用中文，居中，五号；图表内容：小五号。

（4）字距和行距：全文一律采用无网格、1.5 倍行距。

（5）页码：第一页从正文标注，直至全文结束。页码位于页面底端，对齐方式为“居中”。

（6）附录：依次编为附录 1，附录 2。附录中的图表公式另行编排序号“附录 1−”。

2. 案例指导书格式

题目：“××××”案例指导书。其他格式要求同“1. 案例格式”。

第五节　课程教学案例入库标准

一、总体要求

案例教学已经成为专业学位研究生教育中的一种重要教学方法。通过推进案例教学，可进一步加强对工程专业学位研究生实践应用能力的培养，不断推进以产学合作为中心、以实践应用能力培养为重点的专业学位研究生培养模式的改革，是创新专业学位研究生培养模式、提高专业学位研究生培养质量的重要举措。

石油与天然气工程专业硕士学位点依托石油与天然气工程一级国家重点学科，以服务国家能源战略重大需求和经济社会发展需求为导向，贯彻以提升职业能力为导向、以实践创新能力培养为核心的培养理念，坚持“特色引领、实践为重、产学结合、协同发展”，凝练培养方向，突出石油与天然气工程专业特色；与各油田生产单位及相关科研院所密切合作，采用问题导向的工程师培养思路，以工程创新能力为主线，理论基础和实践能力培养优化组合并融通贯穿整个培养过程，创新应用型人才培养模式，突出人才培养的综合性、创新性、职业性、国际化，提高专业学位研究生教育质量，构建布局合理、结构优化、类型多样、适应石油石化工业发展需要的、具有中国特色的现代专业学位研究生教育体系。积极推动科研成果的转化和应用，并在此基础上优化培养环节，提高工程复合应用型人才的培养质量。

在课程体系中不仅强调学生的基础理论培养，而且突出学生工程实践能力的提高，在学术型课程的基础上增加了贴近现场实际的案例教学；在现场实习环节结合石油工程的实际生产流程，编写了实习教学大纲，内容涉及石油地质、钻井、开发工程和工艺等各个环节，提高学生的综合实践能力；在论文工作阶段实行校内校外双导师制，在培养学生创新能力的同时提高学生解决实际问题的能力、团队协作能力和就业能力等综合能力。

二、教学案例入库原则

（1）真实性原则：案例内容必须真实。

（2）典型性原则：案例内容要在工程领域中具有一定的代表性，能够反映工程领域主要的理论知识或关键问题。

（3）实效性原则：案例内容应符合当前工程领域的实际情况以及未来发展的方向。

（4）完整性原则：案例应该编写完整，符合案例教学的内容要求、体系完善。

（5）启发性原则：案例的选材和内容应该具有一定的创新性，代表工程领域的理论和实践前沿，可附需要学生讨论的问题，给学生思考的空间，启发学生独立解决问题。

（6）多样性原则：国外案例与国内案例相结合的原则，并结合我国的国情和时代背景，研发本土案例。

（7）版权原则：提交的案例要符合版权要求，未经案例库主管部门或知识产权拥有者同意，不得作他用。

三、案例评审制度

各领域建立案例库入库评审制度。每个领域提交20位以上案例评审专家信息表。

1. 工作组织

专业学位研究生教育的培养目标定位和培养模式设计决定了专业学位人才的培养是一个系统工程，专业学位研究生教育不是大学自身就能独立完成的任务，学校不再是人才培养的唯一主体和参与者，它需要社会、企业甚至地方政府的广泛参与、合作和投入，实行多元主体投入、社会教育资源整合、产学研深度融合的应用型人才培养模式。把企业对人才的知识、能力和素质需求融入整个人才培养过程中，企业既是人才的使用者，又是人才培养的参与者。它既包括社会物质的参与，如专业实践基地的建设，也包括社会人力的参与，如校外导师的选聘等。为此，学校与行业企业在培养方案制定、课程案例教学、专业实践教学大纲制定、现场专业实践指导和论文研究指导等方面深度融合，建立了一整套专业学位研究生教育体系和质量保障体系，保证专业学位研究生培养质量。

石油与天然气工程硕士专业学位研究生课程教学案例评审将在教指委的指导下，完成具体的案例库建设立项组织与实施。

2. 评审专家

石油与天然气工程硕士专业学位研究生课程教学案例库建设立项单位，邀请具有一定案例教学经验的专家学者和行业专业技术及管理人员（约 20 位），组建案例评审专家库。

3. 评审程序

各案例库建设立项单位负责案例的汇总和组织评审，评审方式和评审次数等评审方案由各案例库建设立项单位确定，报教指委审核备案。评审专家需要对候评的案例进行全面、细致的评阅，对案例的内容、形式、表达等提出自己的评审意见，填写《工程专业学位教学案例评审意见表》（表 5-1）。

表 5-1　工程专业学位教学案例评审意见表（5 分制）

案例基本信息					
案例编号			来稿时间		
案例名称					
案例类型					
案例适用课程					
案例评审					
第一部分　案例正文					
分值评分点	5	4	3	2	1
选题的典型性和代表性	□非常典型	□典型	□比较典型	□一般	□差
内容的实效性	□非常强	□强	□比较强	□一般	□差
案例的真实性	□已建成或通过评审		□正在建设		□未建设实施
内容的完整性	□非常完整	□完整	□比较完整	□一般	□差

续表

案例评审					
第一部分　案例正文					
分值评分点	5	4	3	2	1
案例的可读性	□非常强	□强	□比较强	□一般	□差
写作的规范性	□非常规范	□规范	□比较规范	□一般	□差
第二部分　教学使用说明					
教学目标设定的合理性	□非常合理	□合理	□比较合理	□一般	□差
讨论思考题与教学目标的紧密程度	□非常紧密	□紧密	□比较紧密	□一般	□差
理论知识点分析的清晰程度	□非常清晰	□清晰	□比较清晰	□一般	□差
课堂计划的合理性	□非常合理	□合理	□比较合理	□一般	□差
评审结果					
总分					
建议处理结果	□入库	□修改后入库	□修改后再审	□退稿	
评审意见					
评审意见（版面不够请另附纸） 签名：					
审稿人信息					
审稿人		职称		评审日期	

通过评审的案例，由各案例库建设立项单位提交教育部学位与研究生教育发展中心“中国专业学位教学案例中心”平台。中国专业学位教学案例中心全年接受教学案例的投稿，收到后系统进行编号和信息录入。

4. 评审结果

案例评审结果分为四种类型：

（1）评审优良，无任何修改意见或得分在 4.0 分以上（含 4.0 分）的案例可直接入库；

（2）简单修改后即可达到入库标准或 3.5 ≤得分<4.0 的案例经修改后可入库；

（3）修改幅度较大或 3.0 ≤得分<3.5 的案例，需修改后重审。再审达到入库标准后可入库；

（4）评审结果为不宜入库或得分低于 3 分的案例予以退稿。

5. 评审管理

（1）每年以调研问卷、使用意见征询、教学研讨等形式，针对各高校教学案例使用者进行入库案例的使用效果评价。

（2）评审费由各案例库建设立项单位从案例建设经费中支出，建议 400 元 / 篇。

第六章

石油与天然气工程专业学位研究生能力要求

石油与天然气工程专业学位研究生能力要求是专业学位研究生培养过程中的重要参考标准，主要涉及石油与天然气工程专业学位的基本能力要求、能力的培养途径和研究生能力达成认证三部分。

第一节　石油与天然气工程专业学位研究生基本能力要求

一、获本类别硕士专业学位应具备的基本能力

1. 获取知识能力

能够通过检索、阅读等一切可能的途径快速获取符合自己需求的知识，了解本类别的热点和动态，具备自主学习和终身学习的能力。

2. 应用知识能力

能够根据工程实际灵活、综合运用各种知识，通过综合分析、定性和定量分析，解决所遇到资源与环境相关领域工程问题；能够开展较为深入的工程实践以及在工程实践中提炼科学技术问题；能够承担并完成资源与环境相关领域的项目。能够在工程技术发展中善于创造性思维、勇于开展创新试验、创新开发和创新研究。

3. 组织协调能力

具备一定的交流、组织协调能力和工程管理能力，能够在团队和多学科工作集体中发挥积极作用，能够组织实施科技项目开发，并能解决项目实施过程中所遇到的各种问题。

二、获本类别博士专业学位应具备的基本能力

资源与环境博士专业学位获得者应具备解决复杂工程技术问题、进行工程技术创新、组织工程技术研究开发工作的能力及良好的沟通协调能力，具备国际视野和跨文化交流能力。

1. 获取知识能力

具有独立获取新知识的能力，具有利用现代信息工具检索和分析信息的能力，能在导师指导下对前人知识进行学习和筛选，并具有批判性学习的能力，以及自主学习和终身学习的能力。

2. 学术鉴别能力

熟悉本类别和相关领域的国内外前沿、技术发展趋势、研究方法与手段，具有独立的批判精神和由结果回溯假设前提及推知研究技术路线的能力，由此形成对本类别已有成果和待鉴定成果进行价值判断的能力。

3. 工程实践能力

具备较强的学科交叉与综合分析能力，能够根据工程实际有效运用各种专业知识，通过定性和定量研究，解决所遇到资源与环境复杂工程问题；能够开展系统深入的工程实践以及在工程实践中提炼科学技术问题；能够承担并完成资源与环境相关领域的工程项目，并在其中发挥重要作用。

4. 科学研究与技术创新能力

具有较强的科学研究能力和技术创新能力，能够针对资源与环境相关领域的复杂工程问题开展基础研究和关键技术研发；能够开拓、创新和发展新思路、新方法、新技术、新装备、新工艺、新流程和新方案。

5. 学术交流能力

应熟练掌握一门外语，具备良好的学术交流能力，能够运用口头、书

面、多媒体等方式与国内外同行进行交流，自由表达学术思想和见解，展示研究成果。

6. 其他能力

具备较强的组织协调和沟通能力，以及工程管理能力，能够在团队和多学科工作集体中发挥重要作用，能够高效地组织与领导实施工程项目开发，并能综合考虑相关社会、法律、伦理、经济、环境等因素，解决项目实施过程中所遇到的各种问题。

第二节　石油与天然气工程专业学位研究生能力培养路径

石油与天然气工程专业学位研究生的能力培养主要通过课程教学、专业讲座、专业实践和学位论文等途径和环节，并采用质量评价和反馈机制，在培养过程中实现与形成。

一、课程教学

课程教学主要由相关专业任课教师完成，结合学校课程设置体系，向研究生讲授人文素养与职业道德、工程问题分析、创新性实验设计、工程设计和现代工具应用等相关知识，通过对课程作业及考试形式对相关专业研究生进行学术性考核，最后通过课程作业、试卷和成绩单形式进行存档。

二、专业讲座

根据石油与天然气工程专业特点，学校相关专业学术委员会议定年度行业重点问题，由相关负责人邀请各学校、企业学术专家以专业讲座方式对问题进行深入剖析，总结现场问题难点、介绍行业发展前沿，为拓展学生学术视野提供途径，有利于研究生将专业知识与现场知识结合奠定基础。

三、专业实践

专业实践是全日制石油与天然气工程专业学位研究生实践创新能力的

重要培养环节。专业实践的目的是理论联系实际，培养学生的实践创新能力，激发学生在石油与天然气工程实践中发现问题、归纳问题、解决问题的能力，尤其培养学生在石油工程技术方案构思、工程 / 工艺流程设计、关键环节理论计算及方案成本核算等基本工作实践方面的综合能力。使学生熟悉石油与天然气在钻采、开发过程中的关键工艺流程、关键作业装备特征、储层适应性、作业参数设定产能评价等设计要领；通过实践过程的实施，学生能够基本独立完成石油与天然气开发工程设计流程及相关材料的组织。

四、学位论文

学位论文是研究生在读期间课程学习和论文工作的总结，是研究生开展研究工作的重要成果。作为研究生学位申请不可或缺的书面材料，是评判研究生能否获得学位的重要依据之一，更是研究生培养质量的集中体现。石油与天然气工程全日制专业学位研究生的学位论文要求在校内导师和校外导师的共同指导下，结合工程实践基础，通过对油田企业具有明确工程应用背景的产品研发、工程设计、工程管理和应用研究等实际问题进行系统研究，直接反映了研究生是否掌握坚实的基础知识，是否具备解决实际工程技术问题或独立承担专门技术工作的能力。因此，学位论文质量是衡量全日制专业学位硕士研究生培养质量的重要标志。通过论文选题源于工程实践与生产实际，论文开题重在工程应用问题的论证，论文中期检查加大工程与现场技术把关，学位论文答辩环节突出工程应用能力的考核等一系列手段来严把专业学位研究生的学位论文质量关。

第三节　石油与天然气工程专业学位研究生能力达成认证

一、毕业生专业知识能力达成

通过系统课程知识的学习与实践环节的锻炼，使毕业生掌握系统的基础理论知识，具备较强的实践动手能力与良好的团队协作精神及组织管理能力。每部分能力分别通过考试、报告评阅及论文答辩等环节进行评估（表 6–1）。

表 6–1　石油与天然气工程专业学位研究生能力体系与培养环节

能力体系		培养环节设置
专业知识体系	自然科学知识	工程数学，自然辩证法概论
	专业基础知识	（1）油气井工程方向：高等流体力学，油气井工程科技进展，油气井工程设计规范与法规，钻井工程实践与案例分析； （2）油气田开发工程方向：高等渗流力学，油气田开发工程设计规范与法规，采油工程综合技术与案例分析，油藏工程综合技术与案例分析，油气田开发科学与技术进展； （3）油气储运工程方向：高等流体力学，油气储运工程进展，油气储运工程设计规范与法规，油气储运工程实践与案例分析
	专业知识	（1）油气井工程方向：欠平衡钻井理论与方法，石油工程岩石力学，应用固体力学，油气井管柱力学，油气井流体力学； （2）油气田开发工程方向：采油工程方案设计，高等油藏工程，人工举升理论，提高采收率原理与方法，油藏数值模拟，油气田开发工程软件概要，现代试井分析； （3）油气储运工程方向：输油管道设计与管理，油气集输，油气储存与装卸，油气储运实施工程技术，城市燃气输配，暑期管道设计与管理，海底管道工程，管道与储罐强度
方法能力	知识应用能力	油藏数值模拟实验，油气井管柱力学实验，高等渗流力学实验，采油工程方案设计，输油管道设计与管，学位论文，课外科技竞赛、创新项目等
	知识获取能力	入学教育，文献综述与开题，学位论文
	实践能力	企业实习实践，暑期社会实践
	创新能力	课外科技竞赛、创新项目等，学位论文
	科研能力	文献综述与开题，学位论文，企业实习实践
	交流沟通能力	课外科技竞赛、创新项目等，企业实习实践
	国际化能力	英语，西班牙语，俄语，全英文学位项目，国外专家讲座，国际合作项目，国际交流活动，国际科技竞赛项目

二、毕业要求达成度评价

1. 本专业毕业要求达成度评价机制及过程

（1）评价机制。

① 评价对象。

“毕业要求达成度评价”的对象是逐项毕业要求和相应的逐条分解指标点。

② 评价原理。

以课程考核材料作为评价依据，对课程（包括实践教学在内的所有教学环节）达成毕业要求的情况进行评价；根据每门课程达成度评价结果，计算出毕业要求达成度评价结果。

③ 评价依据。

评价的依据为各门课程考核材料，包括考试、测验、大作业、实验（实习、设计）报告和读书报告等。

④ 评价机构和人员。

学院教学工作委员会和其指定专人，以及专业教师。

⑤ 评价周期。

毕业要求达成度评价、课程达成毕业要求的评价每年都做。

⑥ 评价结果及“达成”标准。

形成“毕业要求达成度评价”记录文档，包括“毕业要求达成度评价表”和“课程达成度评价表”等，需明确是否“达成”。

每一指标点取 0.75 作为合格标准。

（2）评价过程。

本专业毕业要求达成度的评价方法包括五个步骤：

① 赋权重值（达成度评价目标值）。

学院组织研究生培养指导委员会（由专业负责人及骨干教师组成）对每项毕业要求进行分解，并列出支撑每条指标点的课程，对每门课程的支撑强度赋值，支撑权重值之和为 1。然后组织全专业教师共同讨论，取得基本认可后由研究生培养指导委员会审定，最后报学院教学工作委员会批准。

② 确认评价依据的合理性。

由学院教学工作委员会指定专人对各门课程的评价依据（主要是对学生的考核结果，包括试卷、大作业、报告、设计等）合理性进行确认，具

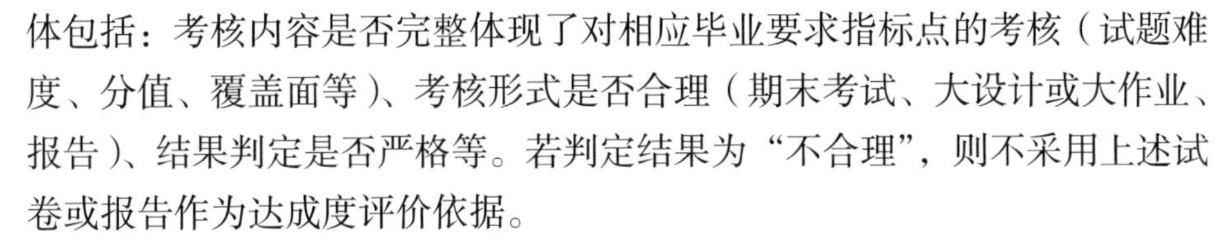

体包括：考核内容是否完整体现了对相应毕业要求指标点的考核（试题难度、分值、覆盖面等）、考核形式是否合理（期末考试、大设计或大作业、报告）、结果判定是否严格等。若判定结果为“不合理”，则不采用上述试卷或报告作为达成度评价依据。

③ 课程达成度评价。

依据对学生的考核结果（包括试卷、大作业、报告、设计等），进行课程对该条毕业要求指标点的达成度评价。方法如下：

抽取的样本：

针对某门课程，根据学生数的多少，抽取具有统计意义的试卷样本数，要求样本中好、中、差的比例基本均等。简单处理，可以抽取一个教学班。课程对某条毕业要求指标点达成度的评价值计算方法：

$$\text{评价值}=\text{目标值}\times\frac{\text{样本中与该毕业要求指标点相关试题的平均得分}}{\text{样本中与该毕业要求指标点相关试题的总分}}$$

④ 计算毕业要求达成度评价结果。

计算各门课程评价结果，加相应的毕业要求指标点达成度评价结果，得出该项毕业要求达成度评价结果。

依据“评价机制”规定的合格标准，明确该项毕业要求评价结果是否“达成”。

⑤ 评价结果反馈。

将评价过程的中间数据和最终评价结果，由学院反馈给相应教师，针对性改进相应的教学环节，以促进专业的持续改进。

2. 毕业要求达成度评价

本专业毕业要求评价周期为 3 年，以油气井工程专业硕士为例，与油气井工程专业学术型研究生培养方案对照，按照油气井工程专业学术型研究生毕业实现矩阵，参照专业知识能力达成在毕业指标点中的实现要求。

评价结果取指标点最小值，课程评价结果取各年度最小值。

（1）设置权重值（达成度评价目标值）。

由学院组织研究生培养指导委员会、教师，对该项毕业要求细分为若干指标点，确定支撑每项指标点的相关课程，根据支撑强度设置权重值

（达成度评价目标值），权重值之和等于 1，并报学院学术委员会批准。

石油与天然气工程专业（油气井工程方向）研究生毕业要求达成度的目标值详见表 6–2。石油与天然气工程专业（油气田开发工程方向）研究生毕业要求达成度的目标值详见表 6–3。石油与天然气工程专业（油气储运工程方向）研究生毕业要求达成度的目标值详见表 6–4。

（2）确认评价依据的合理性。

确认评价依据合理性的具体要求参见前文评价过程，制作各门课程的《课程考核合理性确认表》。

（3）对课程进行达成度评价。

评价并列出该项毕业要求指标点相关的多门课程的达成度评价表，以及与相应的毕业要求指标项支撑的若干门课程达成度评价表（每门课程一张表，表格中与本项毕业要求无关的指标点评价也可列出）。

【达成度计算举例】：

第一步：已知《高等流体力学》对毕业要求 4 个指标点的达成度目标值。对 2016 年毕业的 2013 级学生的"解决专业复杂问题并得到结论"（即毕业要求指标点 4–2）的达成度进行评价。

第二步：已知该门课程总分为 100 分，其中完井工程课程设计对应毕业要求指标点 4–2 的目标分为 100 分。

第三步：统计结果表明，样本中所有学生对 4–2 能力的平均得分为 83.8 分，已知课程对该指标达成度的目标值为 0.25，则依据评价过程第 3 条的计算方法，2013 级学生对应毕业要求 4–2 的达成度评价值为：

$$\text{达成度评价值} = \text{课程目标值} \times \left(\text{平均得分} / \text{总分} \right) = 0.25 \times \left(83.8 / 100 \right) = 0.2095$$

据上述同样方法和步骤，可依据 2014 年和 2015 年的课程考核与考试样本，分别对各项毕业要求所涉及的各门课程的达成度进行评价。

（4）单项毕业要求达成度评价结果。

将上述相关课程的评价结果填入下列表格相应位置，算出每项指标的评价结果，进而算出该项毕业要求的达成度评价结果值，见表 6–5 至表 6–7。

表 6-2　石油与天然气工程（油气井工程方向）研究生毕业要求达成度目标值

课程名称	毕业要求 1			毕业要求 2		该项毕业要求达成度评价目标值
	指标点 1-1	指标点 1-2	指标点 1-3	指标点 2-1	指标点 2-2	
中国特色社会主义理论与实践研究	0.5	0.5				
自然辩证法概论	0.5	0.5				
英语						
工程数学						
专业必修课程学位类						
工程进展类			0.2			
工程设计规范与法规类			0.25	0.25	0.25	
工程实践与案例分析类			0.25	0.25	0.25	
企业实习报告			0.3	0.1	0.1	
文献综述与开题报告				0.2	0.2	
学位论文				0.2	0.2	
Σ 目标值	1	1	1	1	1	1

续表

课程名称	毕业要求 3			毕业要求 4			该项毕业要求达成度评价目标值
	指标点 3−1	指标点 3−2	指标点 3−3	指标点 4−1	指标点 4−2	指标点 4−3	
中国特色社会主义理论与实践研究							
自然辩证法概论	0.2						
英语							
专业基础课程数理类	0.25	0.1					
专业必修课程学位类	0.25	0.3	0.3	0.2	0.2		
工程进展类						0.3	
工程设计规范与法规类		0.1	0.2	0.2	0.2		
工程实践与案例分析类	0.1	0.2	0.2	0.25	0.25	0.15	
企业实习报告						0.1	
文献综述与开题报告				0.1	0.1	0.2	
学位论文	0.2	0.3	0.3	0.25	0.25	0.25	
Σ 目标值	1	1	1	1	1	1	1

续表

课程名称	毕业要求 5			毕业要求 6			该项毕业要求达成度评价目标值
	指标点 5–1	指标点 5–2	指标点 5–3	指标点 6–1	指标点 6–2	指标点 6–3	
中国特色社会主义理论与实践研究							
自然辩证法概论							
英语							
工程数学							
专业必修课程学位类	0.25	0.35	0.2	0.25	0.25	0.15	
工程进展类							
工程设计规范与法规类				0.25		0.3	
工程实践与案例分析类	0.25	0.3	0.25	0.25	0.25	0.2	
企业实习报告							
文献综述与开题报告	0.25		0.2		0.2	0.1	
学位论文	0.25	0.35	0.35	0.25	0.3	0.25	
Σ 目标值	1	1	1	1	1	1	1

续表

课程名称	毕业要求 7				毕业要求 8			该项毕业要求达成度评价目标值
	指标点 7-1	指标点 7-2	指标点 7-3	指标点 7-4	指标点 8-1	指标点 8-2	指标点 8-3	
中国特色社会主义理论与实践研究								
自然辩证法概论								
英语								
工程数学								
专业必修课程学位类	0.2	0.3	0.3			0.5	0.5	
工程进展类	0.2							
工程设计规范与法规类								
工程实践与案例分析类	0.1	0.3	0.2		1	0.5	0.5	
企业实习报告								
文献综述与开题报告	0.2							
学位论文	0.3	0.4	0.5	1				
Σ 目标值	1	1	1	1	1	1	1	1

续表

课程名称	毕业要求 9			毕业要求 10			该项毕业要求达成度评价目标值
	指标点 9–1	指标点 9–2	指标点 9–3	指标点 10–1	指标点 10–2	指标点 10–3	
中国特色社会主义理论与实践研究							
自然辩证法概论							
英语						0.4	
工程数学							
专业必修课程学位类							
工程进展类							
工程设计规范与法规类							
工程实践与案例分析类							
企业实习报告							
文献综述与开题报告	0.5	0.4	0.3	0.7	0.5	0.3	
学位论文	0.5	0.6	0.7	0.3	0.5	0.3	
Σ 目标值	1	1	1	1	1	1	1

表 6-3　石油与天然气工程（油气田开发工程方向）研究生毕业要求达成度目标值

课程名称	毕业要求 1			毕业要求 2		该项毕业要求达成度评价目标值
	指标点 1-1	指标点 1-2	指标点 1-3	指标点 2-1	指标点 2-2	
中国特色社会主义理论与实践研究	0.5	0.5				
自然辩证法概论	0.5	0.5				
英语						
工程数学						
专业必修课程学位类						
工程进展类			0.2			
工程设计规范与法规类			0.25	0.25	0.25	
工程实践与案例分析类			0.25	0.25	0.25	
企业实习报告			0.3	0.1	0.1	
文献综述与开题报告				0.2	0.2	
学位论文				0.2	0.2	
Σ 目标值	1	1	1	1	1	1

续表

课程名称	毕业要求 3			毕业要求 4			该项毕业要求达成度评价目标值
	指标点 3−1	指标点 3−2	指标点 3−3	指标点 4−1	指标点 4−2	指标点 4−3	
中国特色社会主义理论与实践研究							
自然辩证法概论	0.2						
英语							
工程数学	0.25	0.1					
专业必修课程学位类	0.25	0.3	0.3	0.2	0.2		
工程进展类						0.3	
工程设计规范与法规类		0.1	0.2	0.2	0.2		
工程实践与案例分析类	0.1	0.2	0.2	0.25	0.25	0.15	
企业实习报告						0.1	
文献综述与开题报告				0.1	0.1	0.2	
学位论文	0.2	0.3	0.3	0.25	0.25	0.25	
Σ 目标值	1	1	1	1	1	1	1

续表

课程名称	毕业要求 5			毕业要求 6			该项毕业要求达成度评价目标值
	指标点 5−1	指标点 5−2	指标点 5−3	指标点 6−1	指标点 6−2	指标点 6−3	
中国特色社会主义理论与实践研究							
自然辩证法概论							
英语							
工程数学							
专业必修课程学位类	0.25	0.35	0.2	0.25	0.25	0.15	
工程进展类							
工程设计规范与法规类				0.25		0.3	
工程实践与案例分析类	0.25	0.3	0.25	0.25	0.25	0.2	
企业实习报告							
文献综述与开题报告	0.25		0.2		0.2	0.1	
学位论文	0.25	0.35	0.35	0.25	0.3	0.25	
Σ 目标值	1	1	1	1	1	1	1

续表

课程名称	毕业要求 7				毕业要求 8			该项毕业要求达成度评价目标值
	指标点 7-1	指标点 7-2	指标点 7-3	指标点 7-4	指标点 8-1	指标点 8-2	指标点 8-3	
中国特色社会主义理论与实践研究								
自然辩证法概论								
英语								
工程数学								
专业必修课程学位类	0.2	0.3	0.3			0.5	0.5	
工程进展类	0.2							
工程设计规范与法规类								
工程实践与案例分析类	0.1	0.3	0.2		1	0.5	0.5	
企业实习报告								
文献综述与开题报告	0.2							
学位论文	0.3	0.4	0.5	1				
Σ 目标值	1	1	1	1	1	1	1	1

续表

课程名称	毕业要求9			毕业要求10			该项毕业要求达成度评价目标值
	指标点9-1	指标点9-2	指标点9-3	指标点10-1	指标点10-2	指标点10-3	
中国特色社会主义理论与实践研究							
自然辩证法概论							
英语						0.4	
工程数学							
专业必修课程学位类							
工程进展类							
工程设计规范与法规类							
工程实践与案例分析类							
企业实习报告							
文献综述与开题报告	0.5	0.4	0.3	0.3	0.5	0.3	
学位论文	0.5	0.6	0.7	0.7	0.5	0.3	
Σ 目标值	1	1	1	1	1	1	1

表 6-4　石油与天然气工程（油气储运工程方向）研究生毕业要求达成度目标值

课程名称	毕业要求 1			毕业要求 2		
	指标点 1-1	指标点 1-2	指标点 1-3	指标点 2-1	指标点 2-2	
中国特色社会主义理论与实践研究	0.5	0.5				该项毕业要求达成度评价目标值
自然辩证法概论	0.5	0.5				
英语						
工程数学						
专业必修课程学位类						
工程进展类			0.2			
工程设计规范与法规类			0.25	0.25	0.25	
工程实践与案例分析类			0.25	0.25	0.25	
企业实习报告			0.3	0.1	0.1	
文献综述与开题报告				0.2	0.2	
学位论文				0.2	0.2	
Σ 目标值	1	1	1	1	1	1

续表

课程名称	毕业要求 3			毕业要求 4			该项毕业要求达成度评价目标值
	指标点 3-1	指标点 3-2	指标点 3-3	指标点 4-1	指标点 4-2	指标点 4-3	
中国特色社会主义理论与实践研究							
自然辩证法概论	0.2						
英语							
工程数学	0.25	0.1					
专业必修课程学位类	0.25	0.3	0.3	0.2	0.2		
工程进展类						0.3	
工程设计规范与法规类		0.1	0.2	0.2	0.2		
工程实践与案例分析类	0.1	0.2	0.2	0.25	0.25	0.15	
企业实习报告						0.1	
文献综述与开题报告				0.1	0.1	0.2	
学位论文	0.2	0.3	0.3	0.25	0.25	0.25	
Σ 目标值	1	1	1	1	1	1	1

续表

课程名称	毕业要求 5			毕业要求 6			该项毕业要求达成度评价目标值
	指标点 5−1	指标点 5−2	指标点 5−3	指标点 6−1	指标点 6−2	指标点 6−3	
中国特色社会主义理论与实践研究							
自然辩证法概论							
英语							
工程数学							
专业必修课程学位类	0.25	0.35	0.2	0.25	0.25	0.15	
工程进展类							
工程设计规范与法规类				0.25		0.3	
工程实践与案例分析类	0.25	0.3	0.25	0.25	0.25	0.2	
企业实习报告							
文献综述与开题报告	0.25		0.2		0.2	0.1	
学位论文	0.25	0.35	0.35	0.25	0.3	0.25	
Σ 目标值	1	1	1	1	1	1	1

续表

课程名称	毕业要求 7				毕业要求 8			该项毕业要求达成度评价目标值
	指标点 7-1	指标点 7-2	指标点 7-3	指标点 7-4	指标点 8-1	指标点 8-2	指标点 8-3	
中国特色社会主义理论与实践研究								
自然辩证法概论								
英语								
工程数学								
专业必修课程学位类	0.2	0.3	0.3			0.5	0.5	
工程进展类	0.2							
工程设计规范与法规类								
工程实践与案例分析类	0.1	0.3	0.2		1	0.5	0.5	
企业实习报告								
文献综述与开题报告	0.2							
学位论文	0.3	0.4	0.5	1				
Σ 目标值	1	1	1	1	1	1	1	1

续表

课程名称	毕业要求 9			毕业要求 10			
	指标点 9−1	指标点 9−2	指标点 9−3	指标点 10−1	指标点 10−2	指标点 10−3	
中国特色社会主义理论与实践研究							该项毕业要求达成度评价目标值
自然辩证法概论							
英语						0.4	
工程数学							
专业必修课程学位类							
工程进展类							
工程设计规范与法规类							
工程实践与案例分析类							
企业实习报告							
文献综述与开题报告	0.5	0.4	0.3	0.3	0.5	0.3	
学位论文	0.5	0.6	0.7	0.7	0.5	0.3	
Σ 目标值	1	1	1	1	1	1	1

表 6-5　2013 级研究生毕业要求达成度评价结果（油气井工程）

课程名称	毕业要求 1：社会科学素养			毕业要求 2：可持续发展		该项毕业要求达成度评价目标值
	指标点 1−1	指标点 1−2	指标点 1−3	指标点 2−1	指标点 2−2	
中国特色社会主义理论与实践研究	0.433	0.433				
自然辩证法概论	0.432	0.432				
英语						
专业基础课程数理类						
专业基础课程学位类						
专业必修课						
科技进展类			0.184			
油气井工程实验课						
工程实践与案例分析类						
选修课（现代完井工程）			0.338	0.254	0.254	
学术报告			0.385	0.23	0.2	
文献综述与开题报告				0.187	0.187	
学位论文				0.25	0.25	
Σ 目标值	0.865	0.865	0.907	0.921	0.891	0.890

续表

课程名称	毕业要求 3			毕业要求 4			该项毕业要求达成度评价目标值
	指标点 3−1	指标点 3−2	指标点 3−3	指标点 4−1	指标点 4−2	指标点 4−3	
中国特色社会主义理论与实践研究							
自然辩证法概论	0.186						
英语							
专业基础课程数理类（数值分析）	0.213	0.085					
专业基础课程学位类（高等流体力学）	0.210	0.282	0.282	0.193	0.193		
工程进展类						0.276	
工程设计规范与法规类		0.089	0.191	0.191	0.191		
工程实践与案例分析类	0.089	0.191	0.11	0.237	0.237	0.143	
文献综述与开题报告				0.089	0.08	0.193	
学位论文	0.189	0.254	0.254	0.241	0.241	0.241	
Σ 目标值	0.887	0.901	0.837	0.951	0.942	0.853	0.895

续表

课程名称	毕业要求 5			毕业要求 6			该项毕业要求达成度评价目标值
	指标点 5−1	指标点 5−2	指标点 5−3	指标点 6−1	指标点 6−2	指标点 6−3	
中国特色社会主义理论与实践研究							
自然辩证法概论							
英语							
专业基础课程数理类							
专业基础课程学位类（应用弹塑性力学）	0.215	0.172		0.215			
专业必修课（现代油气井工程理念和方法）	0.166	0.166		0.207			
工程进展类							
油气井工程实验		0.238			0.238		
工程实践与案例分析类							
选修课（油气井流体力学）	0.127	0.085	0.254	0.214	0.214	0.214	
学术报告			0.187		0.136	0.232	
文献综述与开题报告	0.187		0.187		0.093	0.234	
学位论文	0.189	0.2411	0.254	0.241	0.241	0.241	
Σ 目标值	0.884	0.902	0.882	0.877	0.922	0.921	0.898

续表

课程名称	毕业要求 7			毕业要求 8			该项毕业要求达成度评价目标值
	指标点 7−1	指标点 7−2	指标点 7−3	指标点 8−1	指标点 8−2	指标点 8−3	
中国特色社会主义理论与实践研究							
自然辩证法概论							
英语							
专业基础课程数理类							
专业基础课程学位类（高等流体力学）		0.210	0.210	0.177		0.252	
专业必修课（现代油气井工程理论和方法）		0.207	0.207	0.248	0.290	0.248	
工程进展类	0.230	0.184	0.184				
油气井工程实验				0.234	0.281	0.168	
工程实践与案例分析类							
选修课（油气井流体力学）	0.212			0.212	0.296	0.169	
学术报告							
文献综述与开题报告	0.187						
学位论文	0.254	0.254	0.254				
Σ 目标值	0.883	0.855	0.855	0.871	0.867	0.669	0.833

续表

课程名称	毕业要求9			毕业要求10			该项毕业要求达成度评价目标值
	指标点9-1	指标点9-2	指标点9-3	指标点10-1	指标点10-2	指标点10-3	
中国特色社会主义理论与实践研究							
自然辩证法概论							
英语							
专业基础课程数理类							
专业基础课程学位类							
专业必修课							
工程进展类							
油气井工程实验							
工程实践与案例分析类							
选修课							
学术报告							
文献综述与开题报告	0.467	0.280	0.280	0.467	0.374	0.280	
学位论文	0.476	0.686	0.686	0.476	0.584	0.686	
Σ 目标值	0.943	0.966	0.966	0.943	0.958	0.966	0.957

表 6-6　2013 级研究生毕业要求达成度评价结果（油气田开发工程）

课程名称	毕业要求 1			毕业要求 2		该项毕业要求达成度评价目标值
	指标点 1-1	指标点 1-2	指标点 1-3	指标点 2-1	指标点 2-2	
中国特色社会主义理论与实践研究	0.428	0.428				
自然辩证法概论	0.431	0.431				
英语						
专业基础课程数理类						
专业基础课程学位类						
专业必修课						
工程技术进展类			0.17			
油气田开发工程实验课						
工程实践与案例分析类						
选修课			0.374	0.280	0.280	
学术报告			0.34	0.213	0.213	
文献综述与开题报告				0.187	0.187	
学位论文				0.221	0.221	
Σ 目标值	0.859	0.859	0.884	0.901	0.901	1

续表

课程名称	毕业要求 3			毕业要求 4			
	指标点 3-1	指标点 3-2	指标点 3-3	指标点 4-1	指标点 4-2	指标点 4-3	
中国特色社会主义理论与实践研究							该项毕业要求达成度评价目标值
自然辩证法概论	0.086						
英语							
专业基础课程数理类	0.213	0.085					
专业基础课程学位类	0.183	0.183	0.147	0.183	0.183		
专业必修课	0.178	0.223	0.267	0.223	0.223		
工程进展类			0.000			0.255	
油气田工程实验课							
工程实践与案例分析类							
选修课		0.093	0.187			0.093	
学术报告				0.085	0.085	0.085	
文献综述与开题报告				0.140	0.140	0.234	
学位论文	0.177	0.266	0.266	0.221	0.221	0.221	
Σ 目标值	0.837	0.85	0.867	0.852	0.852	0.888	1

续表

课程名称	毕业要求 5			毕业要求 6			该项毕业要求达成度评价目标值
	指标点 5−1	指标点 5−2	指标点 5−3	指标点 6−1	指标点 6−2	指标点 6−3	
中国特色社会主义理论与实践研究							
自然辩证法概论							
英语							
专业基础课程数理类							
专业基础课程学位类	0.183	0.147		0.183			
专业必修课	0.178	0.178		0.223			
工程进展类							
油气田开发工程实验		0.213			0.213		
工程实践与案例分析类							
选修课	0.140	0.093	0.280	0.234	0.234	0.234	
学术报告			0.170		0.128	0.213	
文献综述与开题报告	0.187		0.187		0.093	0.234	
学位论文	0.177	0.221	0.266	0.221	0.221	0.221	
Σ 目标值	0.865	0.852	0.903	0.861	0.889	0.901	1

续表

课程名称	毕业要求 7			毕业要求 8			
	指标点 7-1	指标点 7-2	指标点 7-3	指标点 8-1	指标点 8-2	指标点 8-3	该项毕业要求达成度评价目标值
中国特色社会主义理论与实践研究							
自然辩证法概论							
英语							
专业基础课程数理类							
专业基础课程学位类		0.183	0.183	0.147		0.220	
专业必修课		0.223	0.223	0.267	0.312	0.267	
工程进展类	0.213						
油气田开发工程实验				0.213	0.255	0.170	
工程实践与案例分析类							
选修课	0.234	0.187	0.187	0.234	0.327	0.187	
学术报告							
文献综述与开题报告	0.187						
学位论文	0.266	0.266	0.266				
Σ 目标值	0.9	0.859	0.859	0.861	0.894	0.844	1

续表

课程名称	毕业要求 9			毕业要求 10			该项毕业要求达成度评价目标值
	指标点 9−1	指标点 9−2	指标点 9−3	指标点 10−1	指标点 10−2	指标点 10−3	
中国特色社会主义理论与实践研究							
自然辩证法概论							
英语						0.298	
专业基础课程数理类							
专业基础课程学位类							
专业必修课							
工程进展类							
油气田开发工程实验							
工程实践与案例分析类							
选修课							
学术报告							
文献综述与开题报告	0.467	0.280	0.280	0.280	0.467	0.280	
学位论文	0.443	0.620	0.620	0.620	0.443	0.266	
Σ 目标值	0.910	0.9	0.9	0.9	0.910	0.844	1

表 6-7　2013 级研究生毕业要求达成度评价结果（油气储运工程）

课程名称	毕业要求 1：社会科学素养			毕业要求 2：可持续发展		该项毕业要求达成度评价目标值
	指标点 1-1	指标点 1-2	指标点 1-3	指标点 2-1	指标点 2-2	
中国特色社会主义理论与实践研究	0.419	0.419				
自然辩证法概论	0.438	0.438				
英语						
专业基础课程数理类						
专业基础课程学位类						
专业必修课						
科技进展类			0.179			
油气储运工程实验课						
工程实践与案例分析类						
选修课			0.337	0.252	0.252	
学术报告			0.3	0.188	0.188	
文献综述与开题报告				0.18	0.18	
学位论文				0.188	0.188	
Σ 目标值	0.857	0.857	0.816	0.808	0.808	0.808

续表

课程名称	毕业要求 3：自然科学知识			毕业要求 4：工程基础知识			该项毕业要求达成度评价目标值
	指标点 3-1	指标点 3-2	指标点 3-3	指标点 4-1	指标点 4-2	指标点 4-3	
中国特色社会主义理论与实践研究							
自然辩证法概论	0.088						
英语							
专业基础课程数理类	0.213	0.085					
专业基础课程学位类	0.194	0.194	0.155	0.194	0.194		
专业必修课	0.169	0.211	0.253	0.211	0.211		
工程进展类						0.269	
油气储运工程实验课							
工程实践与案例分析类							
选修课		0.084	0.168			0.084	
学术报告				0.075	0.075	0.075	
文献综述与开题报告				0.135	0.135	0.225	
学位论文	0.15	0.225	0.225	0.188	0.188	0.188	
Σ 目标值	0.814	0.799	0.801	0.803	0.803	0.841	0.799

续表

课程名称	毕业要求 5：解决问题能力			毕业要求 6：独立分析能力			
	指标点 5−1	指标点 5−2	指标点 5−3	指标点 6−1	指标点 6−2	指标点 6−3	
中国特色社会主义理论与实践研究							该项毕业要求达成度评价目标值
自然辩证法概论							
英语							
专业基础课程数理类							
专业基础课程学位类	0.194	0.155		0.194			
专业必修课	0.169	0.169		0.211			
工程进展类							
油气储运工程实验		0.208			0.208		
工程实践与案例分析类							
选修课	0.126	0.084	0.252	0.210	0.21	0.21	
学术报告			0.15		0.113	0.188	
文献综述与开题报告	0.18		0.18		0.9	0.225	
学位论文	0.15	0.188	0.225	0.188	0.188	0.188	
Σ 目标值	0.819	0.804	0.807	0.803	0.809	0.811	0.803

续表

课程名称	毕业要求 7：工具开发能力			毕业要求 8：组织管理能力			该项毕业要求达成度评价目标值
	指标点 7–1	指标点 7–2	指标点 7–3	指标点 8–1	指标点 8–2	指标点 8–3	
中国特色社会主义理论与实践研究							
自然辩证法概论							
英语							
专业基础课程数理类							
专业基础课程学位类		0.194	0.194	0.155		0.233	
专业必修课		0.211	0.211	0.253	0.296	0.253	
工程进展类	0.224						
油气储运工程实验				0.208	0.25	0.166	
工程实践与案例分析类							
选修课	0.21	0.168	0.168	0.21	0.295	0.168	
学术报告							
文献综述与开题报告	0.18						
学位论文	0.225	0.225	0.225				
Σ 目标值	0.839	0.798	0.798	0.826	0.841	0.82	0.798

续表

课程名称	毕业要求 9：终身学习能力			毕业要求 10：交流合作能力			该项毕业要求达成度评价目标值
	指标点 9−1	指标点 9−2	指标点 9−3	指标点 10−1	指标点 10−2	指标点 10−3	
中国特色社会主义理论与实践研究							
自然辩证法概论							
英语						0.312	
专业基础课程数理类							
专业基础课程学位类							
专业必修课							
工程进展类							
油气储运工程实验							
工程实践与案例分析类							
选修课							
学术报告							
文献综述与开题报告	0.451	0.27	0.27	0.27	0.451	0.27	
学位论文	0.375	0.525	0.525	0.525	0.375	0.225	
Σ 目标值	0.826	0.795	0.795	0.795	0.826	0.807	0.795

第七章

石油与天然气工程专业学位研究生实践质量保障与提升

专业实践是全日制石油与天然气工程专业学位研究生实践创新能力的重要培养环节。专业实践的目的是理论联系实际，培养学生的实践创新能力，激发学生在石油与天然气工程实践中发现问题、归纳问题、解决问题的能力，尤其培养学生在石油工程技术方案构思、工程 / 工艺流程设计、关键环节理论计算及方案成本核算等基本工作实践方面的综合能力。使学生熟悉石油与天然气在钻采、开发过程相关过程中的关键工艺流程、关键作业装备特征、储层适应性、作业参数设定产能评价等设计要领；通过实践过程的实施，学生能够基本独立完成石油与天然气开发工程设计流程及相关材料的组织。

第一节　石油与天然气工程专业学位研究生实践质量保障体系框架

一、专业实践方式与时间要求

现场实践是专业实践的主要环节，校内实践可作为现场实践的补充。专业实践根据专业学位研究生的不同培养方式，采用集中实践与分段实践相结合、专业实践与论文工作相结合的方式进行。

1. 专业实践方式

全日制硕士专业学位研究生可依托以下联合培养基地（简称“基地”）开展现场实践：

（1）校级基地（研究生工作站）；

（2）院级基地（研究生工作站）；

（3）导师所承担横向科研课题的委托单位（导师自主安排研究生工作站）；

（4）研究生自行联系的实践单位。

以中国石油大学（北京）石油工程学院为例，工程类研究生原则上应选择前 3 种方式开展现场实践，如选择第 4 种方式自行联系实践单位，应提请研究生院组织论证，方可实施。

2. 专业实践时间要求

（1）具有 2 年及以上企业工作经历的，专业实践时间应不少于 6 个月；

（2）不具有 2 年企业工作经历的，专业实践时间应不少于 1 年；

（3）赴校、院级基地的，现场实践时间应不少于 1 年；

（4）导师自主安排专业实践的，现场实践时间应不少于 3 个月。

二、专业实践主要环节及内容

1. 赴校级、院级联合培养基地进行专业实践

（1）掌握实践企业安全作业、健康、环境（SHE）相关知识和法律法规（0.5 个月）。

（2）结合油田企业的实际生产需求，在导师组的指导下，针对石油与天然气钻采和开发领域涉及的钻井、完井、油藏和采油方面的一项或多项工艺技术设计、技术难题攻关开展学习实践，掌握相关设计、研究与材料组织方法（11 个月）。

（3）总结实践过程，完成实践总结报告（0.5 个月）。

2. 赴导师所承担横向科研课题的委托单位或研究生自行联系的实践单位进行实践

（1）掌握实践企业安全作业、健康、环境（SHE）相关知识和法律法规（0.5 个月）。

（2）结合所参与的横向科研课题（或其他工程性科研项目）内容，在校内导师与企业导师的共同指导下，针对石油与天然气钻采和开发领域涉及的钻井、完井、油藏和采油方面的一项或多项工艺技术设计、技术难题攻关开展学习实践，掌握相关设计、研究与材料组织方法（2.5 个月）。

（3）总结实践过程，完成实践总结报告（0.5 个月）。

3. 实践内容

掌握从生产中发现技术需求，检索国内外相关技术，总结现有技术的不足，提出研究方向，开展相关研究，解决问题，并将成果在生产中进行运用的技术方法。专业能力方面，按照钻井工程、完井工程、采油工程和油藏工程四个方向，具体实践内容如下。

（1）钻井工程：针对目标油气储层，根据勘探开发部署需要，利用地球物理、地质、测井、钻完井、室内实验以及后期一些试油试气等资料，系统运用国内外成熟的先进技术，进行钻井方案设计与优化，掌握钻井设计的流程和方法。

（2）完井工程：了解完井工程的全部工艺过程；了解完井过程中油田常用的保护油气层的方法和措施；了解油田完井优化设计方法，通过优化设计和综合分析保证油气层与井筒之间保持最佳的连通条件；掌握依据油藏条件和生产要求进行完井方式选择和参数设计的方法。

（3）采油工程：了解各种采油工程的全部工艺过程；了解各种机械采油方式、排水采气生产方式、分层注水的生产特点；掌握各种机械采油方式工况诊断、生产参数调整，以实现高效运行的方法；掌握各种排水采气生产方式的工况诊断和生产参数调整，保障实现高效运行的方法；掌握油藏注水参数设计方法；熟悉压裂车组的基本功能和工艺流程。

（4）油藏工程：了解分析地球物理、测井、室内测试化验、试油试采、地质研究和矿场数据等资料的方法。针对新探明的油气藏，进行开发方案设计与优化，得到适合现场实施的具体方案；针对已开发的油气藏，分析油气藏生产动态，指出开发过程中存在的问题，并指出初步的调整方向；针对油气藏开发过程中存在的问题，筛选适宜的调整措施与方法，给出具体的调整措施和手段，并预测调整效果；开展油气藏综合调查研究，优选设计提高采收率方法，预测开发效果。

第二节　石油与天然气工程专业学位研究生实践质量管理

一、总则

为进一步强化全日制硕士专业学位研究生（简称“研究生”）实践能力和创新能力的培养，规范专业实践活动，促进研究生教育持续健康发展，根据《教育部 人力资源社会保障部关于深入推进专业学位研究生培养模式改革的意见》（教研〔2013〕3号）、《教育部关于加强专业学位研究生案例教学和联合培养基地建设的意见》（教研〔2015〕1号）和国务院学位委员会办公室下发的《关于制订工程类硕士专业学位研究生培养方案的指导意见》（学位办〔2018〕14号）等文件精神，结合学校实际情况，特制定本办法。

专业实践是研究生获得实践经验，提高实践能力和职业素养的重要环节。充分、高质量的专业实践是研究生教育质量的重要保证。专业实践大纲内容包括专业实践目标、基本要求、实践方式、主要实践环节以及能力实现矩阵。

二、专业实践基本要求

现场实践是专业实践的主要环节，校内实践可作为现场实践的补充。专业实践可采用集中实践与分段实践相结合、专业实践与论文工作相结合的方式进行。

研究生可依托以下联合培养基地（简称“基地”）开展现场实践：

（1）校级基地（研究生工作站）；

（2）院级基地（研究生工作站）；

（3）导师所承担横向科研课题的委托单位；

（4）研究生自行联系的实践单位。

工程类研究生原则上应选择前三种方式开展现场实践，如选择第四种方式自行联系实践单位，应提请研究生院组织论证，方可实施。专业实践实行导师组指导制，导师组须根据专业实践大纲的要求，共同制定研究生专业实践计划和内容，共同指导研究生开展专业实践。

工程类硕士专业学位研究生，具有 2 年及以上企业工作经历的，专业实践时间应不少于 6 个月；不具有 2 年企业工作经历的，专业实践时间应不少于 1 年，其中，导师自主安排专业实践的，现场实践时间应不少于 3 个月，赴校、院级基地的，现场实践时间应不少于 1 年。非工程类硕士专业学位研究生专业实践时间按照国家相关专业学位教育指导委员会指导意见执行。

三、专业实践组织管理

研究生院负责全校研究生专业实践工作的组织、管理和监督，包括组织专业实践大纲的制定与实施、校外导师的聘任管理、实践派遣工作的统筹、实践过程的监督管理、基地的建设和管理等。

研究生工作部负责研究生的思想政治教育和日常行为管理，选派辅导员专职负责校级基地研究生党团组织建设和日常管理，学院成立驻外学生班级、党团组织，及时发现、报告和协调解决研究生培养和管理中出现的问题。

学院负责学院研究生专业实践工作的组织和管理，包括院级基地的建设及管理、导师组的建设与管理、专业实践大纲的编写、专业实践派遣方案的制定、导师自主安排或学生自行联系的实践单位审批以及全院研究生专业实践环节安全教育与质量监督等。

学院在校级和院级基地学生中选派一名负责人，负责学校与基地的沟通和联系、学校有关通知的传达、基地研究生实践情况的反馈等。

四、基地建设与管理

1. 校、院级基地建设条件

国有企事业单位；已上市的民营公司或者被认定为省（自治区、直辖市）高新技术企业的非上市民营公司（有效期内），且为研发型企业或具有独立的研发部门或研究机构。

注册资金超过 1000 万，每年有超过 200 万的研发项目经费，近五年获得省部级（含）以上科技奖励或者在国内外学术期刊发表相关领域研究论文或者获得发明专利或计算机软件著作权。

企业主要研发领域与学校专业领域相关且与学校导师的科研方向一致，且拥有一支博士毕业 2 年以上或硕士毕业 5 年以上或本科毕业 10 年以上、超过 20 人的具有丰富工程技术经验、一定学术水平或技术专长、能够胜任研究生培养工作的专家队伍。

具有培养研究生的生活学习环境等基本保障条件，研究生现场实践期间生活津贴原则上不少于 1500 元 / 月。并配备有相应的人员对研究生专业实践过程进行指导和管理，执行学校研究生培养规章制度。

企业对进入基地开展专业实践的研究生需求稳定；有专门部门负责制定研究生需求，有专人负责研究生的日常管理，管理规范、组织健全。

院级基地原则上近 5 年与学校有合作研发项目。

校级基地由研究生院牵头与相关企业就人才培养及基地建设达成协议。院级基地由学院负责与企事业单位达成联合培养研究生的相关协议，并报研究生院审批。协议须明确学校、企业、学生权利义务关系，主要面向的专业，可接纳的研究生规模，有效期（一般为五年）等。

2. 学校导师自主安排专业实践单位的条件、程序与要求

申请自主安排研究生专业实践的学校导师，应主持企业委托的在研科研项目，项目经费能够保障研究生开展现场实践所需的各类费用。

在研科研项目的委托单位内部管理应规范，原则上应为国资委下属大

型国有企业、民营上市企业或注册资金超过1000万的高新技术企业，其他企事业单位需要所在学院审核认定。

学校导师向所在学院提交自主安排专业实践申请表，并附企事业单位委托技术攻关类科研合同（有效期内）等相关材料，经所在学院主管研究生教学副院长批准，可自主安排研究生开展专业实践工作。

学院应制定导师自主安排专业学位研究生开展专业实践的实施办法，报研究生院备案。

3. 研究生自行联系专业实践单位的程序

研究生自行联系实践单位，须与实践单位签署实践协议并填写自行联系专业实践单位申请表，经导师同意、学院审批后，方可进入相应的单位开展专业实践。

4. 基地评估

学校成立基地评估工作组，制定基地评估指标体系，通过审查学院自评估总结报告、听取学院自评估工作汇报、查阅相关存档材料等环节，对学院自评估工作进行指导、检查与评价。

学院成立基地评估小组，按照基地评估指标体系，每年定期对派驻本院研究生的基地开展自评估工作，对各基地给出优秀、合格和不合格的评估结论。

对于评估不合格的基地，不得安排研究生进站开展专业实践。

五、导师责任与义务

由研究领域一致或具有科研合作关系的校内外导师组成导师组，共同指导研究生。经学校聘任的基地导师可作为专业学位研究生的第一导师，学院安排1名校内导师作为其第二导师（计导师工作量）。

校内导师应根据研究生培养方案与专业实践大纲，与校外导师充分沟通，制定研究生实践计划，参与研究生实践考核；定期了解学生的实习情况，保持与校外导师的有效联系与合作，协同指导研究生的实践、学习、学位论文选题、开题等工作。

校外导师负责指导和掌握研究生在实践单位的实践、学习等情况，协同校内导师指导研究生完成论文选题、开题等论文研究工作，参与所指导研究生的论文评阅等工作，积极参加研究生论文答辩。实践结束时对研究生给出专业实践考核评价意见。

六、专业实践过程管理

专业实践实行导师组指导制，导师组（校内外双导师）须根据专业实践大纲的要求，共同制定全日制专业学位硕士研究生的专业实践计划和内容，共同指导研究生开展专业实践、学位论文选题、开题、中期检查等工作，并对研究生专业实践情况统一进行答辩考核。

（1）研究生应于第三学期开学初，与校内校外导师一起制定专业实践计划，按照专业实践计划，开展专业实践活动，主动向校内外导师汇报专业实践进展，及时提交专业实践月报、季报、中期考核检查表等。

① 月报：专业实践期间每月 5 日之前，向校内外导师汇报前一个月的工作情况（表 7–1）；

② 季报：每季度应向校内导师提交专业实践小结，同时向学院提交“季工作汇报表”自行备存（须签字确认），并于实习结束后统一交院办备查（表 7–2）；

③ 中期考核检查表：第四学期开学初向校内导师、学院提交专业实践中期总结，并填写“专业实践中期检查登记表”（表 7–3）。

（2）学位论文开题报告论证会应在专业实践期间进行，论文课题应来自专业实践期间的研究课题，具体要求见《硕士专业学位研究生学位论文和学位授予的规定（修订）》。

（3）研究生在基地实践期间，应履行基地所在单位的考勤制度和其他各项规章制度。请假离开基地的，须由学校相关部门或校内导师出具相关证明；未履行请假手续擅自离开基地的，按照学校研究生学籍管理规定处理；出现违规违纪的，按学校或基地的相关管理规定处理。

（4）研究生按时完成专业实践任务后，应及时办理“基地出站函”等相关出站手续并及时返校。

表 7-1　石油与天然气工程领域专业学位研究生在站实践月度工作汇报表

学号：__________ 姓名：__________ 实习单位：__________________ 校外导师：__________ 汇报时段：20____年____月

				进展情况			
工作及完成情况	工作任务	在工作中发挥的作用及承担任务（工作量、完成时间及目的要求）	进展情况及时间（未完成的按完成百分比表示，合作完成的标注清楚合作完成的具体内容）	圆满完成	完成（≥80%）	完成（≥50%）	完成（＜50%）
主要成绩及认识	个人主要成绩与认识			优	良	中	差

表 7-2　石油与天然气工程领域专业学位研究生在站实践季度工作汇报表

学号：__________ 姓名：__________ 时间：20____年____月至 20____年____月

<table>
<tr><td></td><td>工作任务</td><td>在工作中发挥的作用及承担任务（工作量、完成时间及目的要求）</td><td>进展情况及时间（未完成的按完成百分比表示，合作完成的标注清楚合作完成的具体内容）</td><td>备注</td></tr>
<tr><td rowspan="4">工作及完成情况</td><td>（1）</td><td></td><td></td><td></td></tr>
<tr><td>（2）</td><td></td><td></td><td></td></tr>
<tr><td>（3）</td><td></td><td></td><td></td></tr>
<tr><td>（4）</td><td></td><td></td><td></td></tr>
<tr><td rowspan="4">进展情况（√）</td><td>圆满完成</td><td>完成（≥80%）</td><td>完成（≥50%）</td><td>完成（＜50%）</td></tr>
<tr><td>（1）</td><td></td><td></td><td></td></tr>
<tr><td>（2）</td><td></td><td></td><td></td></tr>
<tr><td>（3）</td><td></td><td></td><td></td></tr>
<tr><td rowspan="2">重要成果及认识</td><td colspan="4">个人主要成果与认识（详细）</td></tr>
<tr><td colspan="4"></td></tr>
<tr><td rowspan="2">劳动纪律及忙碌程度</td><td colspan="2">有无迟到、早退、脱岗现象</td><td colspan="2">工作忙碌程度</td></tr>
<tr><td colspan="2"></td><td colspan="2"></td></tr>
<tr><td>自我综合详细评价</td><td colspan="4"></td></tr>
<tr><td rowspan="2">校外导师评价</td><td>优</td><td>良</td><td>中</td><td>差</td></tr>
<tr><td></td><td></td><td></td><td></td></tr>
<tr><td>校外导师审查签字：</td><td colspan="4">年　月　日</td></tr>
</table>

表 7–3　石油与天然气工程领域专业学位研究生在站实践中期检查表

<table>
<tr><td rowspan="4">基本情况</td><td>学号</td><td></td><td>研究生姓名</td><td></td><td>所在实习单位</td><td></td></tr>
<tr><td>校外导师姓名</td><td></td><td>技术职称</td><td></td><td>研究方向</td><td></td></tr>
<tr><td>校外导师电话</td><td colspan="2"></td><td>校外导师邮箱</td><td colspan="2"></td></tr>
<tr><td>校内导师姓名</td><td></td><td>技术职称</td><td></td><td>研究方向</td><td></td></tr>
<tr><td rowspan="11">在站专业实践进展情况</td><td>一、论文开题题目</td><td colspan="5"></td></tr>
<tr><td>二、题目来源</td><td colspan="5"></td></tr>
<tr><td>三、制定专业实践计划</td><td colspan="2">□是　或　□否</td><td>执行专业实践进度</td><td colspan="2">□是　或　□否</td></tr>
<tr><td colspan="6">四、专业实践进展情况:（专业实践内容完成情况或变更情况）</td></tr>
<tr><td colspan="6"></td></tr>
<tr><td colspan="6">五、通过专业实践已掌握的主要技能和成果</td></tr>
<tr><td colspan="6"></td></tr>
<tr><td colspan="6">六、预计成果数目</td></tr>
<tr><td>发表论文</td><td></td><td>专利</td><td></td><td>产品</td><td></td></tr>
<tr><td>工作量完成情况（%）</td><td></td><td>预计实习答辩时间</td><td></td><td>预计出站时间</td><td></td></tr>
<tr><td>评价指标</td><td>指标分值</td><td>校外导师评分</td><td>评价指标</td><td>指标分值</td><td>校外导师评分</td></tr>
<tr><td rowspan="6">研究生在工作站表现情况</td><td>思想品德</td><td>10</td><td></td><td>工作主动性</td><td>10</td><td></td></tr>
<tr><td>创新能力</td><td>15</td><td></td><td>表达能力</td><td>10</td><td></td></tr>
<tr><td>动手能力</td><td>15</td><td></td><td>外语应用</td><td>10</td><td></td></tr>
<tr><td>组织纪律</td><td>10</td><td></td><td>写作能力</td><td>10</td><td></td></tr>
<tr><td>理论水平</td><td>10</td><td></td><td>总　　分</td><td>100</td><td></td></tr>
<tr><td>校外导师签字</td><td colspan="5"></td></tr>
<tr><td colspan="2">校内导师审阅签字</td><td colspan="5"></td></tr>
</table>

七、专业实践考核与评估

全日制硕士专业学位研究生专业实践考核工作由学院负责组织实施，专业实践考核工作于第五学期完成。考核结果经学院和研究生院审核后，取得相应的专业实践学分。研究生不参加专业实践或专业实践考核未通过，不得申请毕业和学位论文答辩。

1. 专业实践考核程序

（1）自我总结。研究生实践结束后撰写专业实践总结报告，报告字数不少于5000字，包括专业实践计划完成情况、实践内容与成果、实践收获（包括知识、能力和素质等方面）等。

（2）导师评价。根据全日制硕士专业学位研究生专业实践工作表现和提交的实践总结报告，校内外导师对其实践能力、职业素养等做出系统的评价。

（3）学院考评。学院依据专业实践大纲，制定专业实践考核办法和评分标准（表7-4），并组织校内外专家对研究生专业实践情况统一进行答辩考核，结合导师评价意见，确定研究生个人专业实践考核成绩。

表7-4 石油与天然气工程领域专业学位研究生实践考核标准

一级指标	二级指标	主要考查点	参考权重	打分
能力实现（5分）	职业素养	工程职业道德 组织管理与交流沟通能力 人文素养与可持续发展意识	20%	
	职业能力	软件与仪器设备使用 发现与归纳问题的能力 解决问题的能力 工程技术方案设计能力	50%	
	团队协作	具有良好团队协作能力	15%	
	沟通表达	材料组织能力 良好沟通交流表达能力	15%	

续表

一级指标	二级指标	主要考查点	参考权重	打分
实践成绩（5分）	实践记录	具备收集资料、积累经验的学习习惯； 月、季工作汇报表、实践中期检查表完整、内容丰富	20%	
	实践报告	包括专业实践计划完成情况、实践内容与成果、实践收获； 格式规范、内容丰富、资料完整、数据详实，不少于5000字	50%	
	答辩表现	专业知识掌握扎实、实践能力提升明显、陈述内容清楚、回答问题正确	20%	
	论文、专利或科研报告	发表与专业实践工作内容相关的学术论文，或者撰写与专业实践工作内容相关的科研报告	10%	
专业实践考核综合得分（各项相加）				

2. 实践成绩评定

校内外导师评价意见（40分）+ 实践情况答辩考核得分（60分）。在专业实践期间有以下情形之一的，专业实践考核成绩为不及格：

（1）专业实践不认真，未完成专业实践计划的；

（2）违反科研诚信和学术道德的；

（3）违反学校、基地有关规章制度，造成严重不良后果的；

（4）其他违法违纪行为等。

八、经费保障

进入校、院级基地的研究生专业实践期间的食宿安排、科研津贴、每年两次往返校企的差旅费待遇，按照学校与实践单位签订的协议执行。学校导师自主安排专业实践单位的研究生，各项待遇由导师负责的科研项目支出。自行联系专业实践单位的研究生，各项待遇按其与实践单位签署的实习实践协议执行，原则上学校不承担其专业实践期间的各项费用。

研究生在专业实践学习期间，学校统一为开展专业实践的研究生购买人身意外伤害保险。研究生专业实践期间的就医及医药费用报销根据学校有关规定执行。

学校统筹研究生专业实践教育经费，用于校、院基地导师指导与管理，专业学位研究生开题、论文评审及答辩所产生的指导、交通、差旅等费用支出；导师自主安排专业实践和学生自行联系实践单位的研究生的论文开题、评阅、答辩等培养经费参照学术硕士研究生执行，校外导师指导费由校内导师列入科研项目经费预算。

学校为规定期间外校、院级基地开展专业实践的研究生发放“企业工作站奖学金”。具体办法按照学校研究生奖学金相关管理办法执行。

第三节　实践联合培养单位

学院（研究院）按照专业实践管理办法相关规定，与国有企事业单位、已上市的民营公司、独立的研究机构或者被认定为省（自治区、直辖市）高新技术企业等合作建立针对石油与天然气工程专业研究生校级实践联合培养基地（研究生工作站）。以下为我校石油工程学院部分校级基地（A类）简介：

一、中国石油集团工程技术研究院有限公司基地简介

中国石油集团工程技术研究院有限公司（简称工程技术研究院）是由原中国石油集团钻井工程技术研究院有限公司和休斯敦技术研究中心强强联合、重组整合形成，是中国石油天然气集团公司直属科研机构。工程技术研究院下设7个机关处室、10个研究机构、1个休斯敦研究中心、1个国际业务部、1个实验中心、2个直属单位、2个项目部。拥有油气钻井国家工程实验室、中国石油集团公司钻井工程重点实验室和试验基地，美国休斯敦非常规工程技术实验室。现有员工1248人，其中中国工程院院士2人，“新世纪百千万人才工程”国家级人选5人，享受国务院政府特殊津贴专家8人，中国石油集团公司高级技术专家16名，教授级高工38名。

“十一五”以来，累计承担国家、集团公司科研课题398项（国家课

题 50 余项），研发形成了以深井超深井钻井、水平井钻井、页岩气钻完井、煤层气钻完井、储气（油）库建设工程、钻井测量、完井压裂和非常规油气藏评价等 8 套综合技术、18 项特色技术为代表的油气钻完井技术体系；先后获得国家科技奖励 10 项，省部级科技进步奖 120 项，授权专利 611 件（发明专利 199 件，国际专利 10 件），制修订标准 182 项，发布新产品 12 项。精细控压钻井系统和连续管作业机被评为中国石油集团公司“十二五”十大技术利器，SDI 提速工具获 2015 年美国 E&P 工程创新奖和 2017 年 CIPPE 金奖。在井筒工程技术研究和服务方面具有雄厚的实力和丰富的经验。

二、新疆油田公司基地简介

新疆油田现已发展成为业务涵盖科学技术研究、油气预探与油藏评价、油气开发与生产、油气储运与销售、新能源 5 项核心业务和 16 项辅助业务，以勘探开发准噶尔盆地为主的现代化油气田企业，预计到 2025 年，原油产量达到 1580×10^4t 以上，油气当量达到 2×10^7t。

近年来，新疆油田创造性地提出了“跳出断裂带，走向斜坡区”的勘探思路，发现了玛湖地区 10 亿吨级砾岩大油区，是我国陆上石油勘探近十年取得的最大成果，成为迄今为止发现的世界上规模最大的整装砾岩油田。“十三五”期间，获国家科技进步奖一等奖 1 项，中国专利金奖 1 项、省部级科技进步奖 106 项、专利授权 59 件、软件著作权 44 件。2012 年成立研究生工作站，至今共接收中国石油大学（北京）进站研究生 296 人，并长期保持良好校企合作关系。近期，又成立了以罗平亚院士、李根生院士团队为主的新疆石油石化工业首个院士专家工作站，将进一步提升新疆油田自主创新能力和核心竞争力。

三、中国石化石油工程技术研究院基地简介

中国石化石油工程技术研究院成立以来，累计承担国家 973 计划、863 计划、国家科技重大专项及集团公司重大科技攻关等项目 560 多项，获国家科技进步奖 4 项，省部级科技进步奖 109 项，申请专利 1676 件（发明专利 1269 件），发表论文 1000 余篇，制定、修订国家、行业、集

团标准 35 项，出版专著 13 部，建有国家重点实验室 1 个、国家级研发中心 2 个、中国石化重点实验室 2 个，拥有国际先进的岩石三轴应力测试系统、钻井模拟试验台架等大型研究设备 600 余台（套），设计分析软件 60 余套。形成了非常规油气工程技术、深井超深井钻完井技术、复杂结构井钻完井技术、特殊储层识别与改造技术和深水钻完井技术 5 套特色技术体系。目前已经成长为中国石化石油工程业务发展的参谋部、石油工程高新技术研发中心和国内外石油工程技术支持中心。

四、中国石油大港油田公司基地简介

中国石油大学（北京）天津工程师学院于 2016 年 11 月成立，由中国石油大学（北京）和大港油田公司共建，通过整合校企教育资源，实行学校与企业“双主体”办学，协同培养本科生、工程硕士、工程博士及企业在职高层次工程技术人才。

大港油田公司是中国石油所属的以油气勘探开发为主营业务的地区分公司，勘探开发范围地跨津、冀、鲁 25 个区、市、县。现有机关部门 16 个、直属单位 5 个、所属单位 40 个，各类用工 2.45 万人。公司业务包括上市、未上市、矿区服务和多元投资四部分，主要涉及油气勘探开发、油气管道运营、储气库运营、技术咨询服务、修井作业、井下测试、物资供销、信息通信、检测评价、电力供应、矿区服务、多元投资等。公司拥有一支以 7 名中国石油集团公司专家、3 名油田公司资深专家、21 名首席专家、50 名高级专家、149 名专家为龙头，规模总数达 1629 人专职从事科研项目攻关、成果转化与新技术推广的技术研发人才队伍，其中高级职称研发人员 403 人，中级及以下职称研发人员 1226 人，专业涉及油气勘探、油田开发、工程技术、生产服务、信息通信等领域。油田公司组织开展了多个国家级、省部级、局级课题攻关项目，获省部级及以上科学技术奖励 68 项。公司建有勘探开发研究院、采油工艺研究院、石油工程研究院等 5 个专门研究机构，基层单位地质、工艺等研究所 18 个，海外采油和煤层气 2 个对外技术支持服务中心。科研仪器设备较为完善，拥有岩石物性分析、三次采油、钻采工具等专业实验室，配置了 PVT 相态分析仪、旋转流变、微观驱替可视化模拟装置、平流泵、多功能泡沫驱物理实验装置、多功能试验机等 208 台（套）研发、实验、检测设施设备，可满足专业技术人员及团队的办公和科研需求。

五、中国石油集团安全环保技术研究院有限公司基地简介

中国石油集团安全环保技术研究院有限公司（以下简称研究院）是中国石油天然气集团公司直属的专业研究机构，研究院位于北京市中关村昌平科技园区内，注册资金 12 亿元，现有专业技术研究人员 500 余人，具有高级职称（副教授）以上人员 200 多人，拥有享受国务院政府特殊津贴专家 6 人，国家石油石化工业安全环保和应急技术专家、中国石油高级技术专家、兼职博士生导师知名专家、教授 39 人。研究院拥有科学技术部“石油石化污染控制与处理国家重点实验室”和中国石油和化学工业联合会认定“石油和化工环境保护含油废物处理及资源化工程中心”，同时建有中国石油“HSE 重点实验室”“环境监测总站”“静电检测中心”等安全环保科技支撑平台。实验室面积 15000m^2，拥有各类专业研究设备 600 多台（套），拥有 30 多台（套）国际先进的大型仪器设备、和具有行业特色的标志性试验设施，设备新旧系数 0.8，资产总额 2 亿多元。研究院目前已建成污泥热解处理工艺模拟实验平台、点源污水高级氧化处理实验平台、污水脱氮脱盐处理与回用实验平台、场地渗透污染防控实验平台和咸水层碳封存风险评估实验平台等 10 台（套）独具特色的特色实验平台，有效支撑了含油污泥分质处理与资源化系列技术、钻井废弃物随钻处理与资源化系列技术、设备失效评估与腐蚀检测技术等 13 项安全环保特色技术，在石油石化安全环保技术研究、技术支持和技术服务方面拥有雄厚的实力和丰富的经验，整体技术水平达到“行业领先、国际一流”。“十三五”以来，研究院先后主持和参加国家 973 计划、国家油气重大专项、科技支撑计划和集团公司重大科技项目等 114 项；获省部级（含行业协会）科技成果奖 75 项；申请受理专利 391 件，其中发明专利 250 件；已获授权专利 117 件，其中发明专利 66 件，获得软件著作权登记 109 项；研究起草和编制国际标准 2 件、国家、行业和企业标准 74 件。

六、中海油研究总院有限责任公司基地简介

中海油研究总院有限责任公司（以下称“中海油研究总院”）与中海石油（中国）有限公司北京研究中心分别隶属于中国海洋石油集团有限公司和中国海洋石油有限公司，一个机构两块牌子，是中国海油所属最大的综合性科研机构。主要任务是为公司勘探开发业务提供常规和纵深性的技术支持，为中下游领域油气利用提供综合性技术服务，承担国家和公司的重要科研课题的研究，并承担公司油气发展战略规划研究。

中海油研究总院主要业务范围涵盖勘探开发、钻采研究、工程设计、信息技术、战略规划、新能源研究等各个方面。承担国家科技重大专项、国家自然科学基金项目和中国海油科技攻关等重大项目的研究任务。拥有地球物理、提高采收率、深水工程、边际油田开发、天然气水合物等 4 个国家级及 5 个集团公司级重点实验室和一个博士后科研工作站。

中海油研究总院共有 16 个院、中心、部门，拥有员工 1200 余人，每年承担 300 余项各类科研生产任务。近十年来，获得国家级科技奖项 9 项，获得的集团公司和各类省部级奖项共计 118 项，共拥有有效授权专利 1205 个，计算机软件著作权 652 个，过去五年共发表各类期刊论文近 2000 篇。拥有中国工程院院士 1 人，全国杰出专业技术人才 1 名，“新世纪百千万工程”国家级人选 3 名，享受国务院政府特殊津贴专家 14 名，中青年科技创新领军人才 2 名，集团公司资深专家 2 名，集团公司级专家 25 名，总院级专家 43 名。

七、中国石油塔里木油田公司基地简介

塔里木油田公司是中国石油地区公司，主要在塔里木盆地从事油气勘探开发、炼化生产、科技研发和工程技术攻关等业务，是上下游一体化的大型油气生产供应企业。公司总部位于新疆库尔勒市，作业区域遍及南疆五地州，现有员工 1.07 万人，是我国陆上第三大油气田和西气东输主力气源地。公司始终以实现我国油气资源战略接替为己任，坚持“采用新的管理体制和新的工艺技术，实现塔里木石油会战高水平高效益”的“两新两高”工作方针，实行专业化服务、社会化依托、市场化运行、合同化管

理，累计发现和探明 31 个油气田，探明油气储量当量 26.2×10^8t，生产油气产量当量超过 3.6×10^8t，建成 2600 万吨级大油气田，为保障国家能源安全、促进国民经济发展作出重要贡献。通过持续攻关，油田累计获得科学技术进步奖国家级 19 项、省部级 354 项、专利授权 821 项，形成了适应塔里木地质特征、具有行业影响力的勘探开发技术系列。公司目前承担科研项目 53 项，国家科技重大专项 17 项，省部级重大科技专项 1 项，省部级科技项目 3 项，勘探与生产分公司科技项目 8 项，油田公司科技项目 24 项。

第八章

石油与天然气工程专业学位研究生认证

自 1997 年国务院学位委员会正式批准设置工程硕士学位以来，工程硕士研究生教育已走过了 25 年历程，先后为我国大中型企业培养了一批技术骨干和技术管理人才。工程硕士研究生教育也由初期的规模发展转向了以提高质量为主的内涵发展，近年来国家逐渐下放工程硕士办学自主权，下放办学自主权的同时，必须有监督机制，必须处理好自主与自律的关系，必须处理好质量与规模的关系，必须坚持质量第一的观念。为了总结开展工程硕士研究生教育的成功经验，找出存在的问题，以进一步深化工程硕士研究生教育改革，确保工程硕士培养质量，有必要开展工程专业学位的认证工作。

评估和认证是促进各院校持续改进、提升人才培养质量及专业建设水平的重要手段，相比于教育评估工作，教育认证更能有效促进专业学位教育与职业资格认证的有机衔接。我国研究生教育认证工作目前还属于探索阶段，多个领域都曾积极尝试。

第一节　石油工程领域专业研究生工作认证历程

2005 年，教指委启动国际教育认证项目。教指委、英国皇家物流与运输学会、中国交通运输协会签署教育认证协议，物流工程领域工程硕士培养与英国物流技术职业资格认证相联系。

2006 年，教指委、中国（双法）项目管理研究委员会、国际项目管理专业资质认证（IPMP）中国认证委员会签署教育认证协议，项目管理领域工程硕士培养与欧洲物流项目经理职业资格认证相联系。

2010年，教指委启动国内教育认证项目——教指委与中国设备监理协会签署教育认证协议，10所培养单位在机械工程等7个工程领域工程硕士（设备监理）研究生培养与高级设备监理师职业资格认证相联系，其中太原科技大学牵头的“工程硕士与设备监理职业资格认证对接的探索与实践”荣获2017年山西省教学成果奖（高等教育）特等奖。

2016年，教指委与中国石油学会签署石油工程硕士研究生教育认证协议。

2018年7月，中国石油大学（北京）成为石油与天然气工程全国首家通过研究生教育认证项目的试点单位。随后，西南石油大学、中国石油大学（华东）于2019年6月完成石油与天然气工程工作。

2020年9月20日，为开展石油工程专业研究生教育认证工作，经石油工程研究生教育认证委员会评审通过，正式发布了《石油工程专业学位研究生教育认证办法》和《石油工程专业学位研究生教育认证标准》。各有关高校可参考标准进行积极申报。

第二节　石油工程专业学位研究生教育认证办法

为进一步提高我国高等教育国际化水平，持续提升石油工程硕士研究生培养质量，对石油工程专业研究生教育质量进行科学、规范、公正的评价，中国石油学会石油工程研究生教育认证委员会特制定本办法。

一、组织机构

在全国工程专业学位研究生教育指导委员会指导下，由中国石油学会组织油气领域专家和教育专家组成石油工程研究生教育认证委员会（以下简称认证委员会）。认证委员会下设三个相关机构：石油工程研究生教育认证咨询专家委员会（以下简称咨询专家委员会）、石油工程硕士研究生教育认证专家委员会（以下简称认证专家委员会）和石油工程研究生教育认证工作秘书处（以下简称认证工作秘书处）。咨询专家委员会主要是由石油工程学科领域资深专家组成，负责对认证政策、方向等重大问题提出意见建议，对认证专家委员会所作出的认证结论进行审核；认证专家委员会主要负责相关认证标准、认证办法的制定，开展具体认证工作；认证工作秘书处是认证委员会的日常办事机构，挂靠中国石油学会。

二、认证范围

石油工程研究生教育认证的范围包括：资源与环境类别所属石油与天然气工程领域专业学位研究生项目。按照石油与天然气工程学科传统的研究方向，二级学科包括油气井工程、油气田开发工程、油气储运工程和海洋油气工程。学校或培养单位（以下统称学校）申请参评项目，可以是上述所有项目，也可以是部分项目。

三、认证程序

1. 申请认证

认证工作在学校自愿的基础上开展，石油工程领域专业硕士研究生学位授权点已有三届毕业生的，均可申请认证。申请认证的专业由所在学校向秘书处提交申请报告，每年接受认证的学校数原则上不超过 3 所。

认证工作秘书处收到学校申请报告后，组织认证专家委员会对申请报告进行审核，重点审查申请学校是否具备申请认证的基本条件，必要时，认证专家委员会可要求申请学校对某些问题作出答复，或进一步提供证明材料。

根据审核情况，认证专家委员会可做出以下两种结论之一，并做出相应处理：

（1）受理申请。通知申请学校进入自评阶段；

（2）不受理申请。向申请学校说明理由，认证工作到此结束，学校须在满足申请认证的基本条件后重新申请。

2. 学校自评

学校自评是申请学校及相关院系根据《石油工程专业学位研究生认证评估标准》对申请认证专业的办学情况和办学质量进行自我检查。申请学

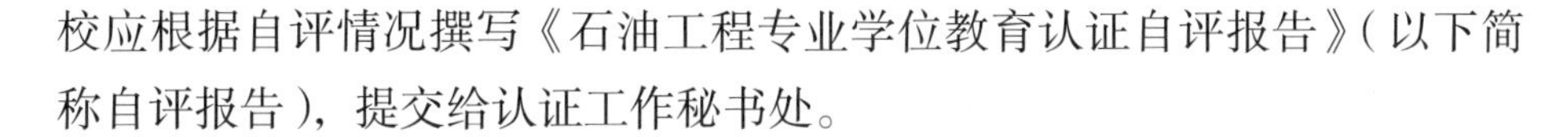

校应根据自评情况撰写《石油工程专业学位教育认证自评报告》(以下简称自评报告),提交给认证工作秘书处。

3. 审阅自评报告

认证专家委员会对申请学校的自评报告进行审阅,重点审查申请认证的学科专业是否达到《石油工程专业学位研究生教育认证标准》的要求。根据审阅情况,认证专家委员会可做出以下三种结论之一,并作相应处理:

(1)通过自评报告。秘书处通知申请学校进入现场考察阶段;

(2)补充修改自评报告。秘书处向申请学校说明补充修改的要求,经补充修改达到要求的可按(1)处理,否则按(3)处理;

(3)不通过自评报告。秘书处向申请学校说明理由,认证工作到此结束,学校须在达到《石油工程专业学位研究生教育认证标准》后重新申请认证。

4. 现场考察

(1)现场考察的基本要求。

现场考察是由认证专家委员会委派专业人员组成认证考察专家组(以下简称专家组)到申请学校进行的实地考察。现场考察以《石油工程专业学位研究生教育认证标准》为依据,主要目的是核实申请学校的自评报告的真实性和准确性,并了解自评报告中未能反映的有关情况。

现场考察的时间一般不超过 3 天,现场考察不宜安排在学校假期进行,入校考察前专家组应提前两周通知被考察学校。

专家组成员应通过培训获得考评资格,并熟知《石油工程专业学位研究生教育认证标准》,在进入申请学校至少 4 周以前收到自评报告和主要支撑材料,并认真阅读这些材料。

(2)现场考察的程序。

① 专家组预备会议。进校后专家组召开内部工作会议,进一步明确考察计划和具体的考察步骤,并进行分工。

② 首次会议。专家组向学校及相关单位负责人介绍现场考察目的、

要求和详细计划，并与申请学校及相关单位交换意见。

③ 实地考察。专家组现场考察内容包括考察实验条件、图书资料等在内的教学硬件设施；检查近期学生的课程试卷、实习报告、开题报告、学位论文；观察课堂教学、实验、实习、课外活动；考察联合培养专业实践基地。

④ 访谈。专家组根据需要会晤包括在校学生和毕业生、教师、研究生导师、学校领导、校外导师代表、联合培养基地负责人、有关管理部门负责人及院（系）行政、学术、教学负责人等，必要时还需会晤用人单位有关负责人。

⑤ 意见反馈。专家组向申请学校反馈现场考察意见及建议，并听取申请学校及相关专业负责人的意见。

（3）现场考察报告。

专家组在现场考察工作结束后 15 日内向认证专家委员会提交专家组现场考察报告及相关资料。

现场考察报告是认证专家委员会对申请认证的专业做出认证结论建议和形成认证报告的重要依据，一般报告下列内容：

① 学科专业基本情况。申请认证专业的基本情况；

② 学科专业特点。本专业在人才培养方面的特点；

③ 对自评报告的审查意见；

④ 现场考察过程中发现的问题、不足与改进建议。进一步改进教学工作和提高教学质量的改进建议。

5. 审议和作成认证结论

（1）征询意见。

认证专家委员会将现场考察报告送交申请学校征询意见。申请学校应在收到现场考察报告，并核实其中所提及的问题后 15 日内，按要求向认证专家委员会回复意见。申请学校逾期不回复，则视同没有异议。

申请学校可将现场考察报告在校内传阅，但在做出正式的专业认证结论前，不得对外公开。

（2）审议。

认证专家委员会召开全体会议，审议申请学校的自评报告、专家组的现场考察报告和学校的回复意见。

（3）提出认证结论建议。

认证专家委员会在充分讨论的基础上，采取无记名投票方式提出认证结论的建议。全体委员 2/3 以上（含 2/3）出席会议，投票方为有效。同意票数达到参会委员人数的 2/3 以上（含 2/3），则通过认证结论建议。认证专家委员会对讨论认证结论建议和投票的情况应予以保密。

认证结论建议应为以下三种之一：

① 通过认证，有效期 6 年；

② 通过认证，有效期 3 年；

③ 不通过认证。

（4）完成认证报告。

认证专家委员会撰写认证报告，须写明认证结论建议和投票结果，自评报告、现场考察报告和申请学校的回复意见等材料作为认证报告附件。

（5）认证结论的批准与发布。

认证专家委员会将认证结论提交咨询专家委员会，经咨询专家委员会审核批准后，公示 5 个工作日，无异议后，可向社会公布。

认证通过后，在有效期内认证工作秘书处随时组织认证专家进校回访，对持续改进项内容改进情况进行审查。回访发现未有改进情况存在时，上报认证专家委员会对该校提出警示。警示若仍未有效，则报咨询专家委员会，并减少认证年限，直至终止其认证结论。

本办法解释权归认证工作秘书处。

第三节　石油工程专业学位研究生教育认证标准

遵照国际通行的认证机制，秉承“高标准、严要求、重声誉、保质量”的共同价值观，中国石油学会石油工程研究生教育认证委员会特制定本标准。

一、学生

（1）具有吸引优秀生源的制度和措施。

（2）具有完善的学生学习指导、职业规划、就业指导、心理辅导等方面的措施并能够很好地执行。

（3）必须对学生在整个学习过程中的表现进行跟踪和评估，以保证学生毕业时达到毕业要求，毕业后具有社会适应能力与就业竞争力，进而达到培养目标的要求；并通过记录进程式评价的过程和效果，证明学生能力的达成，并及时进行存档。

（4）必须有明确的规定和标准的流程招收跨专业学生和在职研究生（或非全日制研究生）。

二、培养目标

（1）有能够反映对学生掌握石油与天然气工程领域或所属油气井工程、油气田开发工程、油气储运工程与海洋油气工程方向之一的基础理论、先进技术方法和现代技术手段要求的培养目标，培养目标符合学校定位，适应社会经济发展需要。

（2）培养目标能反映学生毕业预期达到能力的要求，毕业后三年成为合格石油工程师。

（3）培养目标应能够体现对学生具有严谨求实的科学态度和工作作风，具有良好的职业道德和敬业精神，有意愿并有能力服务社会的要求。

（4）有定期检查教育培养目标是否得以实施和完成的措施，并保存有效和系统的记录。

三、毕业要求

（1）具有人文社会科学素养、社会责任感和工程职业道德以及良好的奉献精神。

（2）具有良好的市场、质量、职业健康和安全意识，注重环境保护、生态平衡和可持续发展。

（3）具有扎实的从事石油工程行业工作所需的数学、自然科学、人文

社会科学知识。

（4）具有扎实的从事石油工程领域相关的工程基础知识和专业知识，较好地了解石油工程领域的前沿发展和趋势。

（5）具有独立从事石油工程设计开发，解决较复杂石油工程问题的实践能力、创新思维和系统性思维。

（6）具有较熟练地开发或选择与使用恰当的现代工程工具和信息技术工具的能力。

（7）具有良好的组织管理能力、交流沟通能力和团队协作能力及一定的领导意识。

（8）具有个人职业规划和终身学习能力。

（9）具备国际视野和跨文化的交流、竞争与合作能力。

四、持续改进

（1）有健全的研究生培养过程质量监控机制。各主要环节的质量要求明确，能够定期对课程体系、教学质量进行评价。

（2）有完善的毕业生跟踪反馈制度以及社会各方参与的社会评价机制、比较完整的评价体系（国内外同行评价、毕业生的雇主评价、学生成绩评价、录取率、师生比、教师科研经费等），定期评价培养目标的达成情况。

（3）有定期、适当和可记录的方法，能够及时评价教学质量、学生成绩和专业实践情况，将评价结果及时应用于学科专业的持续改进。

五、课程体系

课程设置应能支持毕业要求的达成。课程体系设计应有企业或行业专家参与。研究方向包括：油气井工程、油气田开发、油气储运工程和海洋油气工程。课程体系必须包括：

（1）与学科专业毕业要求相适应的数学与自然科学类课程（至少占总学分的 10%）。

（2）人文社会科学类的课程（至少占总学分的 15%）。

（3）专业基础类课程（至少占总学分的 20%）。

各二级学科方向相关的专业核心基础课程，前沿科技类课程，工程设计规范与法规类课程。

油气井工程方向，包括高等流体力学类，油气井工程科技进展类，油气井工程设计规范与法规类等；

油气田开发工程方向，包括高等流体力学类，油气田开发科学与技术进展类，油气田开发工程设计规范与法规类等；

油气储运工程方向，包括高等流体力学类，油气储运工程科技进展类，油气储运工程设计规范与法规类等；

海洋油气工程方向，包括高等流体力学类，海洋油气工程科技进展类，海洋油气工程设计规范与法规类等。

（4）全日制专业学位研究生课程体系除了包括（1）、（2）和（3）要求外，应有石油与天然气工程领域各二级学科方向相关的专业实践教学或案例类课程。

油气井工程方向，包括钻完井工程实践与案例分析类课程；

油气田开发工程方向，包括采油工程和油藏工程综合技术与案例分析类，油气田开发工程软件类等课程；

油气储运工程方向，包括油气储运工程实践与案例分析类、油气储运工程软件类等课程；

海洋油气工程方向，包括海洋油气工程实践与案例分析类、海洋油气装备和大型结构物设计相关软件类课程。

（5）专业拓展发展类课程。

（6）跨专业学生所需补修与本专业相关的课程。

课程包括：石油工程概论、油矿地质学、油层物理、油田化学工程、钻井工程、采油工程、完井工程、渗流力学、油气集输、油气管道设计与管理、油气储存与装卸、燃气输配等或相近本科课程至少 2 门。

六、专业实践

专业实践是专业学位研究生培养过程中重要的教学环节，专业实践应能支撑毕业要求的达成。石油与天然气工程领域专业学位研究生在企业的研究生工作站或联合培养基地进行一定时间的现场专业实践。要求如下：

（1）有专业实践管理办法、教学大纲、实践计划与实践总结作为专业实践教学的重要参考和依据。

（2）有专业实践基地的管理机制，有 2 个以上实践条件完备的研究生联合培养基地或企业研究生工作站。

（3）在研究生联合培养基地或企业研究生工作站进行过专业实践训练的学生不低于专业硕士总数的 2/3，每位专业研究生进行现场专业实践的时间不少于 3 个月。

（4）校内导师与企业导师共同指导学生专业实践，并有相应的保障措施。学生专业实践应有考核要求，实践过程与考核应有记录，专业实践结束后，研究生应撰写实践学习总结报告，并由联合培养基地和学校导师进行专业实践考核，考核合格后，方可进入学位论文阶段。

七、学位论文

学位论文应能支持毕业要求的达成。

（1）学位论文选题应来源于应用课题或现实问题，有明确的工程背景和应用价值。

（2）专业学位论文选题由校外导师根据本行业领域的生产及科研情况或校内导师根据自己的研究课题提出，双方导师和研究生协商后共同拟定，开题原则上在联合培养基地或企业研究生工作站进行，论文开题报告由校内专家和联合培养基地的专家共同组成评审小组进行评审。校内导师与企业导师联合指导学生论文，专业学位论文的工作内容、科研实验、数据处理以及结果应用原则上在联合培养基地中进行。

（3）有健全的学位论文过程质量监控措施保证学位论文开展和完成，各学位论文环节考核机制明确，学位论文过程监督应有相关记录。

（4）学位论文的评阅采用明评和盲评相结合方式，其中学位论文盲评的研究生数量不低于本校全年级同类型研究生总数的 10%。

（5）学位论文的答辩一般在校内进行，答辩委员中应有来自企业领域行业专家。

（6）论文质量满足培养目标和毕业要求，近3年学位论文抽检评议不合格意见的学位论文数占比低于3%。

八、师资队伍

（1）教师的数量能够满足课程教学和指导学生的需要，结构合理，一级学科专任教师不少于30人，二级学科方向专任教师不少于10人，专任教师中具有博士学位人数比例不少于50%，专任教师中具有实践经验的教师（具有行业工作经验或承担过工程技术类课题）人员比例不少于30%。

（2）教师积极投入研究生的教学、互动和指导，积极参加教学改革研究，鼓励采用网络信息技术等现代教学手段。

（3）专业学位研究生培养实行校内外双导师指导制，每位专业学位研究生配备一名具有本领域副高及以上专业技术职称的行（企）业导师，参与研究生的培养方案制定、课程建设与教学、学位论文开题、实践教学以及学位论文指导与答辩等过程。参与本领域工程学位研究生教学的行（企）业教师不少于专任教师的50%，校内外导师能够胜任专业学位学生培养要求。校内导师具有较强的解决工程问题的能力和背景，校外导师能够提供学生进行学位论文工作的必要条件。

（4）研究生导师的遴选和评估有严格的制度保障。

（5）有关师德师风的评价制度与管理机制，师德师风建设情况应有记录。

九、支持条件

（1）教室、实验室及设备在数量和功能上能够满足教学需要，有良好的管理、维护和更新机制，使学生能够方便使用。

（2）与企业合作共建研究生联合培养基地或企业研究生工作站，在教学过程中为学生提供参与专业实践的平台。

（3）计算机、网络以及图书资料资源能够满足学生的学习以及教师的日常教学和科研所需。资源管理规范、共享程度高。

（4）教学经费有保障，总量能够满足教学需要。

（5）具有各类实践创新活动、国际化培养的条件保障。

（6）教学管理与服务规范，能够有效地支持专业培养目标的达成。

（7）应及时发布国家、企业和学校提供的奖学金或助学金，组织学生申请。

本标准解释权归认证工作秘书处（表 8-1）。

表 8-1　全国工程硕士专业学位研究生培养质量评估方案

<table>
<tr><th>一级指标</th><th>二级指标</th><th>评估内容</th><th>最高得分</th><th>实际得分</th></tr>
<tr><td rowspan="11">招生（20 分）</td><td>报考条件（4 分）</td><td>考生全部符合基本报考条件。考生中每出现一个不符合基本报考条件者扣 1 分，最多扣到 20 分为止</td><td>4</td><td></td></tr>
<tr><td rowspan="2">考生来源（4 分）</td><td>录取的考生来自企业或研究院所，且地域相对集中；考生的专业背景及现在从事的专业与申请学位的领域对口</td><td>4</td><td rowspan="2"></td></tr>
<tr><td>录取的考生分散，不便于组织教学且无有效措施，考生的专业背景及现在从事的专业与申请学位的工程领域不对口</td><td>0</td></tr>
<tr><td rowspan="2">专业基础与综合考试（6 分）</td><td>考试科目体现专业特色，命题、评卷与管理规范，考试成绩分布合理</td><td>6</td><td rowspan="2"></td></tr>
<tr><td>考试科目不体现专业特色，命题、评卷与管理不规范</td><td>0</td></tr>
<tr><td rowspan="5">全国联考课程成绩（6 分）</td><td>全国联考课程成绩（GCT 成绩）均在平均分以上，且未录取超低分考生</td><td>6</td><td rowspan="5"></td></tr>
<tr><td>全国联考课程成绩（GCT 成绩）均在平均分以上，成绩排位不属于后 40%，录取超低分考生人数低于录取总数的 1%</td><td>4</td></tr>
<tr><td>全国联考课程成绩（GCT 成绩）均在平均分以下，且成绩排位都不属于后 20%，录取超低分考生人数低于录取总数的 3%</td><td>2</td></tr>
<tr><td>全国联考课程成绩（GCT 成绩）均在平均分以下，且成绩排位都不属于后 10%，录取超低分考生人数低于录取总数的 5%</td><td>1</td></tr>
<tr><td>全国联考课程成绩（GCT 成绩）平均分过低或录取超低分考生人数超过录取总数的 5%</td><td>0</td></tr>
</table>

续表

一级指标	二级指标	评估内容	最高得分	实际得分
课程教学（30分）	教学文件（4分）	培养方案、培养计划、教学大纲等文件齐全规范	4	
		教学文件不齐全、不规范	0	
	课程设置（6分）	课程设置合理科学，体现研究生水平、专业特色和工程性、实践性、应用性	6	
		课程设置不合理科学，不能体现研究生水平、专业特色和工程性、实践性、应用性	0	
	课程建设（4分）	具有适合于工程硕士生教学的教材、课件、实验环节等	4	
		不具有适合于工程硕士生教学的教材、课件、实验环节等	0	
	授课教师（6分）	授课教师工程实践能力强且多数具有高级职称；聘有企业的高水平教师开设课程；开设固定规范的学术前沿课程或讲座	6	
		授课教师工程实践能力一般，高级职称少；基本没有聘请企业高水平教师，没有开设固定规范的学术前沿课程或讲座	2	
	教学组织与实施（6分）	教学条件好，有适合于工程硕士特点的授课方式，开设有高水平学术讲座，在校学习累计半年以上，执行工程硕士教学计划，考核严格	6	
		未能执行工程硕士教学计划，考核不严格	0	
	教学效果（4分）	考试严格，成绩分布合理；专家评判、学生反映、企业评价好	4	
		考试不严格，成绩分布不合理；专家评判、学生反映、企业评价差	0	
学位论文（30分）	选题（5分）	80% 以上论文选题来自企业实践，工程背景明确，应用性强	5	
		65% 以上论文选题来自企业实践，工程背景较明确，应用性较强	4	
		50% 以上论文选题来自企业实践，工程背景较明确，应用性较强	3	
		35% 以上论文选题来自企业实践，工程背景和应用性一般	2	
		80% 以上论文选题不是来自企业实践，工程背景和应用性不明确	0	

 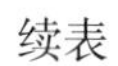

续表

一级指标	二级指标	评估内容	最高得分	实际得分
学位论文（30分）	指导与研究条件（5分）	实行学校和企业双导师制，且导师认真负责，研究经费充足，工作条件好，时间可以保证	5	
		未实行学校和企业双导师制，指导力量弱，研究经费不足，工作条件差，时间难以保证	0	
	工作环节（5分）	开题报告认真，中期检查落实，答辩程序规范，有企业专家参加，把关严格	5	
		开题报告、中期检查和答辩等环节不完备，把关不严格	0	
	质量（15分）	技术先进，有一定难度；内容充实，工作量饱满；综合运用基础理论、专业知识与科学方法；格式规范，条理清楚，表达准确；社会评价好（已在公开刊物发表、获奖、获得专利、通过鉴定，应用于工程实际等）	15	
		学位论文达不到工程硕士的基本要求	0	
管理（20分）	管理机构（5分）	管理机构健全，责任落实	5	
		管理机构不健全，责任不落实	0	
	规章制度（5分）	规章制度健全，文件齐全，执行好	5	
		规章制度不健全，文件不齐全，执行不好	0	
	档案管理（10分）	招生、教学、学位档案齐全，管理规范	10	
		招生、教学、学位档案不齐全，管理不规范	0	

注：① 制定原则：科学性、合理性、导向性和可操作性；

② 体系：包括基本部分（招生、课程教学、学位论文、管理）；

③ 方法：由评估专家对各项评估内容分别打分（可在最低分与最高分之间根据实际情况多级打分），最后取平均分。

参考文献

[1]王树江．中国石油工程百年发展历程[J]．石油知识，2008，6：58-59.

[2]郜婕，徐文满，田瑛．从“底气不足”到“气象万千”——中国天然气工业改革开放40年回顾与展望[J]．国际石油经济，2019，27（3）：60-66.

[3]国务院．国务院批转国家计委等四个部门关于在全国实行天然气商品量常数包干办法报告的通知[S/OL]．http：//www.gov.cn/zhengce/content/2011-08/31/content_2624.htm.

[4]张文昭．贯彻油气并举方针大力发展我国天然气工业[J]．天然气工业，1998，18(3)：1-4.

[5]田瑛，甄建超，孙春良，等．我国油气管道建设历程及发展趋势[J]．石油规划设计，2011，22（4）：4-8.

[6]郜婕，田瑛．天然气：跻身世界生产与消费大国行列[J]．中国石化，2018，12：26-28.

[7]邹才能，杨智，何东博，等．常规—非常规天然气理论、技术及前景[J]．石油勘探与开发，2018，45（4）：575-587.

[8]全国专业学位研究生教育指导委员会．专业学位类别(领域)博士、硕士学位基本要求[M]．北京：高等教育出版社，2015.

[9]伊继东，张绍宗，铁发宪．高等教育评估理论与实践[M]．北京：科学出版社，2009.